상황버섯 재배기술

- 누구나 습득할 수 있다 -

공중재배(지상재배)

잘 배양되고 있는 종목

재배사 내에 작업하기 위해 내려놓은 배양된 종목

재배사에 넣을 마사토

재배사에 마사토를 넣고 있다.

조건이 맞아 버섯이 포자층을 형성하며 두껍게 잘 자라고 있다.

진한 포자층이 잘 형성되어 가고 노랗게 잘 자라고 있다.

차광, 관수, 환기가 잘 되어 버섯이 두껍게 포자층을 형성하며 잘 자라고 있다.

봄에 관수를 시작하자 버섯이 노랗게 잘 자라고 있다.

적당한 환경이 되어 버섯이 노랗게 잘 자라고 있다.

여러 조건이 잘 맞아 버섯이 두껍게 포자층을 형성하며 잘 자라고 있다.
대단히 우량상품이다.

적당한 환기와 온도, 차광이 되어 버섯이 포자층을 잘 형성하며 두껍게 자라고 있다.

버섯 전체에 포자층을 형성하며 두껍게 잘 자라고 있다. 이런 버섯은 종목이 강한 세력을 유지하고 있다.

적당한 차광과 환기가 되어 포자층을 형성하며 노랗게 잘 자라고 있다.

지난해 수확한 자리에 두껍게 버섯이 자라고 있다. 차광, 관수, 환기, 온도를 잘 맞출 때 가능하다.

지난해 자란 자리에 새로 자라난 버섯이다. 습도, 온도, 환기, 조도가 잘 맞는다는 증거이다.

포자층을 형성하며 버섯이 노랗게 잘 자라고 있다.
습도, 온도, 환기, 조도가 잘 맞는다는 증거이다.

갓과 포자층이 잘 형성되고, 버섯이 두껍게 자라고 있는 우량버섯이다.
환기, 차광, 관수 등 조건을 잘 맞추어 줄 때 가능하다.

봄에 관수를 시작하자 노랗게 자라고 있다. 조도, 온도, 습도를 잘 맞출 때
가능한 버섯이다.

지난해 수확한 자리에 새로 자라나온 버섯들.
포자층이 진하게 형성되어 있다.
차광, 관수, 환기, 온도를 잘 맞출 때 가능한 버섯이다.

포자층이 진하게 형성되어 있고 버섯이 두껍게 자라고 있다.
차광, 관수, 환기, 온도를 잘 맞출 때 가능한 버섯이다.

지난해 수확한 자리에 새로 자라나온 버섯들.
포자층이 버섯 전체에 걸쳐 진하게 형성되어 있다.
차광, 관수, 환기, 온도를 잘 맞출 때 가능한 버섯이다.

포자층이 진하게 버섯 전체를 덮고 있다.
여러 조건을 잘 맞출 때 가능한 버섯이다.

포자층이 진하게 형성되어 있고 버섯이 두껍게 자라고 있다.
차광, 관수, 환기, 온도를 잘 맞출 때 가능한 버섯이다.

두껍게 포자층을 잘 형성하며 자란 버섯을 가까이서 본 모습

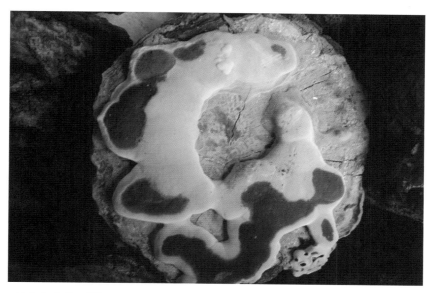

가장자리에 진한 고동색으로 포자층이 형성되어 있다.
동절기라서 성장이 멈춘 상태이다.

가장자리로 구멍같이 포자층이 형성되어 있다.
관수를 시작하기 전의 버섯이다.

수확한 자리에 자라 나와 관수를 기다리는 버섯이다.
가장자리로 포자층이 잘 형성되어 있다.

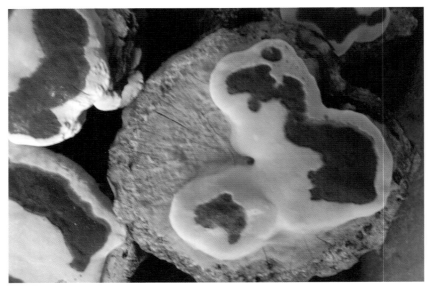

포자층이 다양한 모양을 하고 있다.
버섯의 상태를 보아 곧 관수를 시작할 시기가 되었다.

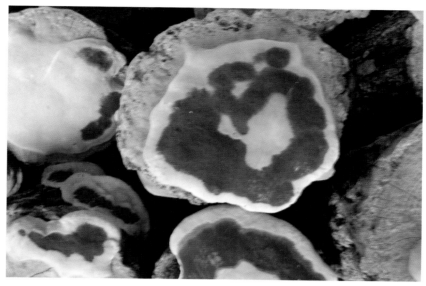

포자층과 버섯의 상태를 보아 종균이 대단히 강한 세력을 유지하고 있다.

포자층이 다양한 모습을 하고 있다. 이런 버섯들은 강한 세력을 유지하고 있어 병충해에 잘 걸리지 않는다.

수확하여 건조기에 있는 버섯들. 우량 상품이다

수확하여 건조한 버섯들. 포자층이 잘 형성되어 우량 상품이다

건조하여 저장한 버섯. 우량 상품이다.

지면 재배

재배사 사이로 큰 길이 있어 트랙터와 트럭이 다닐 수 있어 많은 일을 할 수 있다.

1년생 버섯.
종균을 잘 배양하고 조건을 맞춰 싹을 틔워 강한 세력을 유지하며 자라고 있다.

2년생 버섯.
종균을 잘 배양하고 조건 중 특히 환기를 잘 시켜 갓이 잘 형성되며 강한
세력으로 자라고 있다.

3년생 버섯.
관수와 환기가 적당하여 갓이 두껍게 형성되고 있으며 곰팡이 없이 잘 자라
고 있다.

3년생 버섯.
관수와 환기, 차광이 적당하게 되어 갓과 포자층이 잘 형성되고 있으며 최상의 조건에서 자라고 있다.

한번 수확한 버섯.
종균 세력이 강하여 잘 자라서 새로 수확할 때가 되었다.

3년생 버섯.
온도, 조도, 습도 등 조건이 맞아 갓과 포자층이 잘 형성되어 두껍게 잘 자라
고 있다.

3년생 버섯.
최상의 조건에서 성장시킨 버섯들이다

3년생 버섯.
종목은 오래되었으나, 버섯은 조건을 맞춰 강한 세력을 유지하고 있다.

4년생 버섯.
여러 조건 가운데서도 환기와 관수가 잘 되어 최상의 품질의 버섯으로 성장
하고 있다.

3년생 버섯.
조도와 환기, 관수가 적당하여 강한 세력을 유지하며 잘 자라고 있다.

3년생 버섯.
재미있는 모양을 하고 있다. 특히 조도와 환기를 잘 맞춰 갓과 포자층이
잘 형성되고 있다.

3년생 버섯.
가까이 자란 관계로 버섯이 붙어 버렸다.
조건이 잘 맞아 강한 세력을 유지하고 있는 버섯들이다.

3년생 버섯.
재미있는 모양을 하고 있다. 수확한 흔적과 이끼도 보이나 여러 조건을 잘
맞춰 훌륭하게 자라고 있다.

3년생 버섯.
환기가 잘 되어 갓이 매끈하게 형성되며 자라고 있다.

1년생 버섯.
온도, 습도, 이산화탄소의 농도가 잘 맞아 싹이 잘 자라고 있다.

4년생 버섯.
여러 조건, 특히 산소의 농도와 습도가 잘 맞아 포자층이 버섯 밑면 전체를
덮고 있으며, 갓도 잘 형성되어 있다.

4년생 버섯.
조건을 맞추어 잘 관리하면 4년이 되어도 강한 세력을 유지하며 튼튼한 버
섯이 자란다. 포자층이 잘 형성되어 있다.

4년생 버섯.
갓이 매끈하게 형성되고 두껍게 자라게 하기 위해서는 산소의 농도, 조도, 습도에 주의를 기울여야 한다.

3년생 버섯.
버섯 밑면 전체에 포자층이 형성되어 있다. 이런 버섯은 종균 세력이 대단히 강하여 웬만한 병충해에도 끄떡없다. 환기와 관수, 차광을 잘 맞추면 가능하다.

4년생 버섯.
종목은 노쇠한 것 같이 보이나 종균은 튼튼한 상태를 유지하고 있다. 습도
와 환기, 조도를 잘 맞추어야 가능하다.

4년생 버섯.
종목은 노쇠한 것 같이 보이나 종균은 튼튼한 상태를 유지하고 있다. 관수
와 산소의 농도, 적당한 광을 맞추어야 가능하다.

3년생 버섯.
버섯이 크게 갓이 잘 형성되고 있다. 특히 환기와 습도, 차광에 주의를 기울이면 이런 버섯을 얻을 수 있다.

4년생 버섯.
버섯이 크게 갓이 잘 형성되고 있다. 3년이 지나면 종목은 노쇠하나 환경을 잘 맞추면 버섯은 크게 잘 자란다.

3년생 버섯.
버섯 밑면 전체에 포자층이 잘 형성되고 있다.
특히 환기와 습도, 차광에 주의를 기울이면 이런 버섯을 얻을 수 있다.

3년생 버섯.
수확하여 건조한 버섯이다. 버섯 밑면 전체에 포자층이 형성되어 있고, 갓도 잘 형성되어 있다. 여러 조건을 잘 맞출 때 가능하다.

수확하여 건조한 3년생 버섯. 갓과 포자층이 잘 형성된 좋은 상품이다.
관수, 차광, 환기 등에 주의를 기울여 재배하면 된다.

수확하여 건조한 3년생 버섯.
갓과 포자층이 잘 형성되어 있다. 여러 조건 중 특히 환기와 습도, 조도를
잘 맞출 때 가능하다.

머리말

어릴 때부터의 꿈이 농촌에서 전원생활을 하며 작물을 가꾸는 것이었다.

그동안 여러 작물을 재배해 보았지만, 90년대 말 국내에서 상황버섯의 인공재배가 성공한 이래, 역시 작물 재배의 적격이라 생각한 상황버섯재배를 시작했지만 가장 힘들었던 점은 재배기술을 익히는 것이었다.

책이나 여러 자료에서 얻을 수 있는 상황버섯에 관한 지식이라곤 아주 짧은 단편적인 지식뿐이었다.

그리고 집안에서 느타리버섯을 재배하고 있었지만, 상황버섯과는 또 다른 분야였다.

버섯에 관한 많은 책을 연구하고, 국내 버섯권위자들에게 수시로 연락하고, 찾아가서 개인지도를 받고, 버섯 선진국들에 해외연수를 다니면서 버섯에 대해 익히기 위해 꾸준히 노력하면서, 단체에서 주관하는 교육에 부지런히 참석하기 위해 힘썼으며, 각종 박람회에 참석하여 상황버섯의 유통구조와 품질의 다양성 등에 대해 익히기 위해 노력하였다.

또한, 재배 시작 초기부터 재배일지를 꾸준히 기록해서, 비교 분석해 봄으로 실수와 시행착오로부터 뼈아픈 교훈을 얻기 위해 노력함으로 살아있는 산지식이 되게 하였다.

그에 더해 재배 시작 때부터 버섯 성장과 재배, 재배에 도움이 되는 자료들을 사진을 촬영해서 시각 자료로 활용함으로 많은 도움이 되었다. 지금까지 약 2,700장의 사진을 촬영했는데 그 사진 중 일부인 수백 장을 이 책과, 홈페이지에서 볼 수 있다.
이 사진들을 살펴보는 보는 것만으로도 재배기술에 대해 많은 점을 배울 수 있다.

그간 20년 가까이 상황버섯을 재배하면서 많은 보람도 느꼈지만 재배하는 기술을 익히는 데 노력과 시간, 자본이 많이 필요하였다.
이제 상황버섯재배를 시작하는 분들과 재배하는 분들에게 조금이나마 도움이 되고자 이 책을 펴내게 되었다.

상황버섯은 귀한 약용버섯으로 육질이 단단해서 병충해가 거의 없으며, 농약이나 비료 등 인체에 해를 주는 것을 전혀 사용할 필요가 없고, 종목을 매달거나, 깨끗한 굵은 모래에 심어 깨끗한 물만 주면 잘 자라는 버섯으로 천연 무공해 식품이라 할 것이다.
또한, 우량종목을 만들어 튼튼한 싹을 틔워서 관리만 잘하면 종목의 수명이 다할 때까지 몇 년간 계속 수확할 수 있다는 장점도 가지고 있다.

종목을 배양하고, 긁고, 매달 때와 심을 때 그리고 버섯을 수확할 때는 어느 정도의 일손이 필요하지만, 싹만 발생시켜 놓으면 여러 해 동안 일손이 많이 가지 않는 장점도 가지고 있다.

근래에는 일손을 들어주는 여러 전동기계 들이 나와 있어 한결 재배가 수월해졌다.

따라서 취미로, 또는 직접 재배하여 복용하기를 원하는 분들에게는 적당한 일거리와 보람과 건강을, 직업으로 넓은 면적에 재배하더라도 혼자서 관리할 수 있는 매력적인 장점도 가지고 있다.

또한, 장소를 가리지 않고 마당의 텃밭이나 산속의 조그만 땅 어느 곳이라도 기술만 있으면 쉽게 재배할 수 있으며, 건강을 위해 직접 재배하여 복용하고자 하는 분들에게는 더없이 좋은 작물일 것이다.

그리고 고부가가치 상품으로 단위 면적당 수익률이 여느 상품 못지않게 높은 버섯으로 창업하기에 적격인 작물이라 할 것이다.

재배 초창기에는 수확하기까지 여러 해가 걸렸지만 근래에는 속성으로 몇 개월이 안 되어 수확할 수 있는 방법도 개발되어 있어서 자금 회전이 훨씬 빨라졌다는 것도 큰 장점이다.

또한, 로컬푸드와 같이 법인체가 운영하는 지역특산물 판매장과 친환경 농산물을 취급하는 매장이 지역 곳곳에 생겨 소비자들이 안심하고 먹거리를 구입할 수 있게 되어 판매에도 별 어려움이 없게 되었다.

이 책은 생소하고 이론적인 내용을 기술하기보다는 처음 상황버섯을 재배하는 분들의 관점에서 쉽게 이해하고 따라 할 수 있도록 실제적인 내용을 알리고자 노력하였으며, 실제 재배하면서 겪게 되는 여러 어려운 점들을 손쉬운 방법으로 해결하는 데 중점을 두었다.

책의 내용을 그대로 따라 하다 보면 자신도 모르는 사이에 전문가가 되어있을 것이다.

텃밭이나 산속의 자투리땅에서 조그만 재배사를 지어 직접 재배하여 복용하거나, 생활비를 벌고자 하는 분들이나, 부업이나 취미로 또는 건강을 위해 재배하는 분들부터 창업농에 이르기까지 본서의 내용은 큰 도움이 되어 품질 좋은 상황버섯을 재배할 수 있도록 그간 실제 재배하면서 겪은 경험을 세세한 부분까지 최대한 반영하도록 기술하였다.

곳곳에 숨어있는 핵심적인 기술들은 알고 보면 간단하지만 많은 시험 재배와 시행착오를 거듭하면서 자신 있는 기술로 습득하기까지에는 많은 자본과 노력이 필요하였다.

본서에서는 그러한 기술들을 모두 쉽게 기술해 두었다.

모쪼록 이 책이 큰 도움이 되어 많은 분들이 상황버섯재배에서 성공하기를 진심으로 바란다.

2020. 10.
영남알프스 상황버섯농장 농장주 **박종탁**(朴鐘倬)

목 차

1장 영남알프스 상황버섯농장 현황

1 위치

영남알프스 상황버섯농장은 울산과 청도 사이의 경계에 많은 산과 계곡이 있는 곳인 영남알프스라 불리는 수려한 지역에 있으며, 청도 운문사에서 2km 정도 떨어진 삼계리 계곡에 위치해 있다.

영남알프스 상황버섯농장 전경

영남알프스 상황버섯농장 겨울철 모습

농장 앞 계곡. 농장에서 약 100m 정도 앞에 있다.

농장 앞 계곡. 농장 바로 앞의 계곡이다.

농장 옆 계곡.
농장에서 운문산 자연휴양림 쪽으로 약 500m 정도 떨어져 있다.

농장 옆 계곡.
농장에서 운문사 쪽으로 약 2.4km 정도 떨어져 있다.

② 한글 및 영문주소

저희 농장재배사와 버섯재배에 관한 여러 점을 보기 위해서는 검색창에 영남알프스 상황버섯농장이나 www.ynalps.net로 검색하면 된다.
(메인화면에서 농장소개–농원이나 농장소개–상황버섯)

🍄 여기를 검색해보면 재배사를 지을 때 어떤 쇠파이프를 어느 간격으로 세워야 하는지, 관수 시설은 어떻게 하고, 물탱크는 어느 정도여야 하는지, 환기 시설은 어떻게 해야 하는지, 그리고 종목을 긁고 심을 때부터 평소 관리, 재배상태, 재배사 주변 관리 및 통로 그리고 수확과 겨울철 재배사와 환기까지 모든 것을 한눈에

실제로 배울 수 있도록 많은 사진을 올려놓았다.

전체 사진을 보는 것만으로도 상황버섯재배의 대략을 파악할 수 있을 것이며, 사진 밑에 설명을 해두었으므로 쉽게 이해하는 데 도움이 될 것이다.

❸ 재배사 구조

11개의 재배사로 재배사의 길이는 20~39m 정도이며, 각 재배사 사이의 간격은 50cm~1m 정도이다.

재배사 사이로 넓은 길이 있어 트랙터가 다닐 수 있다.

각 재배사의 구조는 25mm 쇠파이프가 50~70cm 간격으로 둥글게 설치되어 있으며 중앙과 측면에 50mm 쇠파이프가 3개, 25mm 쇠파이프가 여러 개 길게 설치되어 둥글게 설치된 파이프들을 고정해 주며, 바닥으로부터 무릎 높이와 어깨높이 정도에 비닐, 차광막과 카시미론 솜을 고정하기 위한 패드가 설치되어 있다.

중앙 쇠파이프에는 폭설이나 습설, 태풍에 대비하여 4~5m 간격으로 50mm 쇠파이프 지지대가 세워져 있다.

🔔 각 재배사의 길이와 폭은 다음과 같으며, 4동은 현재 창고 용도로 사용하고 있다.

1동 : (폭 6m×길이 25m)   2동 : (폭 6m×길이 20m)

3동 : (폭 6m×길이 23m)   4동 : (폭 6m×길이 23m)

5동 : (폭 5.5m×길이 39m)   6동 : (폭 5.5m×길이 39m)

7동 : (폭 6m×길이 34m)   8동 : (폭 6m×길이 20m)

9동 : (폭 6m×길이 20m)   11동 : (폭 6m×길이 23m)

12동 : (폭 6m×길이 26m)

4 환기시설

3~4m 정도 간격으로 천정에 지름 50~60cm 정도의 PVC 환기구가 설치되어 있다.

앞, 뒷문을 설치했는데 앞문은 소형 트랙터가 드나들 정도로 크다. 알루미늄으로 시설했는데 방충망이 달려 있다.

측면 환기구는 알루미늄 창으로 크기가 가로 2m 세로 1m 정도이며 방충망이 달려 있고, 다양한 크기의 창을 여러 방향으로 설치한 동도 있다.

🔔 측면 환기구를 지금 시설한다면 3~4m 정도의 간격으로 환기창을 설치할 것이다. 때때로 환기가 부족해서 차광막과 비닐, 카시미론을 말아 올리고 내려서 환기시키곤 했다.

재배사 천정 환기구는 현재 3~4m 정도의 간격으로 지름 50~60cm 정도의 PVC 환기구가 설치되어 있으나 처음 재배를 시작했을 때는 이보다 적게 설치되어 환기가 부족해서 재배해 나가면서 더 설치했다.

앞면 출입문

뒷면 출입문

옆면 환기창

5 관수시설

지하 관정 3개가 설치되어 있고 지하 수중 모터로 물을 퍼 올려 5톤, 5톤, 10톤으로 된 세 개의 물탱크(물탱크도 처음에는 1개만 설치했으나 재배하면서 물이 부족해서 더 설치했다)에 채워 지상 모터를 돌려 각 재배사에 물을 공급한다. 지하 관정 3개 중 1개는 수압이 약해 현재는 식수로만 사용한다.

물탱크에는 웃기(물이 차면 자동으로 물을 차단하는 기구)를 달아 물이 부족하면 자동으로 물탱크에 물이 차게 된다.

이 장치는 여름철 폭염에는 아주 유용했다.

밤새 물이 물탱크 3통에 다 차게 되므로 물 부족으로 어려움을 겪는 일은 없게 되었다.

처음에는 지하 관정 1개로 재배했으나, 한여름에 물이 부족하고 고장이 났을 경우 어려움을 겪었다.

지상 모터와 물탱크들

지하 수중 모터가 설치된 곳

지하 수중모터

재배사 내의 관수시설은 지름이 약 40mm 정도인 검은색 PVC 관수파이프가 재배사 좌, 우측에 설치되어 있으며 약 1~1.5m 정도의 간격으로 관수노즐이 설치되어 있어서 각 재배사로 들어가는 밸브를 열고 지상 모터를 돌리면 자동으로 분사되게 된다.

관수노즐의 간격도 처음에는 이보다 더 넓었으나 재배하면서 물이 가지 않는 곳이 생겨 더 설치했다.

수압을 고려해서 한번에 2~3동의 재배사에 관수를 한다.

6 차광시설

쇠파이프 골조 위에 비닐(0.08mm)＋카시미론 솜 8온스 한 겹(지역에 따라 4~8온스 한 겹을 더 덮어 조도를 조절할 수도 있다)＋비닐(0.08mm)＋차광막 75% 1벌

또는 비닐(0.08mm)＋비닐(0.08mm)＋차광막 95% 1벌이 기본으로 씌워져 있고 햇빛의 강도나 계절 또는 날씨에 따라 35% 차광막 3벌을 여벌로 준비해 두고 벗기거나 씌워서 조도를 맞춘다.

상황버섯 재배사를 덮는 비닐의 두께는 통상 0.08mm~0.1mm를 많이 사용하고, 0.08mm 이하나 0.1mm를 넘는 두께도 사용하나 0.08mm가 적합하였다. 두꺼우면 무겁고 가격이 비싸지만 오래가는 장점이 있다.

비닐은 장수비닐로 좀 더 오래가고 질기다. 장수비닐은 푸른 빛을 띠므로 일반 비닐과 쉽게 구별된다.

카시미론 솜도 두께가 여러 가지가 있으나 약 2.5~3cm 되는 8온스 솜이 적합하였다. 참고로 4온스 솜은 두께가 약 1~1.5cm 정도, 6온스 솜은 두께가 약 2~2.5cm 정도 된다.
카시미론 솜을 사용했을 때와 그냥 비닐과 차광막만 사용했을 때의 장, 단점에 관해서는 뒤에서 자세히 설명하기로 한다.

차광막도 처음에는 여러 두께로 씌워 시험 재배해 보았다.

여러 장단점이 있으나 지금의 차광막이 가장 적합하였다. 더 자세한 점은 뒤에서 자세히 설명하기로 한다.

그리고 4~5m 간격으로 낙하산 줄을 매어 차광막과 비닐이 바람에 날리지 않게 하고 있다.

⑦ 그 밖의 시설들

트랙터 38마력 1대, 종균껍질 제거기 1대, 버섯건조기, 여러 가지 전동기구들, 그 외의 여러 부대시설들이 있다.

재배사 내에서

2장 상황버섯이란?

뽕나무나 고산지대에서 서식하고 있는 여러 나무에서 자생하는 귀한 약용버섯으로, 국내에서는 90년대 말 인공재배에 성공하였다.

버섯을 달였을 때는 노란 색깔이며, 맛과 향이 없어 남녀노소 누구나 먹기에 좋다.

그러면 먼저 상황버섯재배에서 필수적인 요소 4가지와 재배에서 성공할 수 있는 핵심적인 요소 4가지를 알고 각론으로 들어가자

이 책에서는 처음 상황버섯에 접하는 분들을 위해 버섯 전문용어인 자실체, 균사체, 골목…이라는 어려운 표현 대신 알기 쉬운 표현들을 사용하기 위해 노력했다.

쉬운 표현들은 엄밀히 말해 정확한 의미를 전달하는 표현이 아닐 수도 있겠으나 재배기술을 배우고자 하는 분들의 관점에서 쉽게 이해하는 데는 무리가 없을 것이다.

3장 상황버섯재배에서 필수적인 요소 네 가지

❶ 온도

❷ 습도

❸ 조도(빛의 밝기)

❹ 환기(이산화탄소와 산소의 농도)

4장 상황버섯재배에서 성공할 수 있는 핵심적인 요소 4가지

❶ 우량종목의 배양

❷ 종목 속 균의 활성화

❸ 건강하고 튼튼한 싹 틔우기

❹ 건강한 싹이 잘 자라도록 관리하기

이 네 가지 정도로 요약할 수 있는데

이 점을 항상 염두에 두고 재배법에 임하기로 하자

이 점들에 대한 상세한 내용은 뒤에서 실제적인 재배방법과 결부시

켜 자세히 설명하기로 하고 우선 상황버섯의 재배방법을 알아보자.

5장 재배방법

상황버섯의 인공재배방법은 톱밥 재배를 비롯한 다른 재배방법이 있으나 이 책에서는 원목인공재배에 대해 기술하기로 한다.

원목인공재배 방법도 크게 원목지상재배 방법과 원목지면재배 방법 두 가지로 나눌 수 있다.

6장 원목지상재배(공중재배)방법과 원목지면재배 방법

원목지상재배는 일명 공중재배 또는 공중부양식 재배라고 부르기도 하며, 나무를 공중에 매달아 재배하므로 붙여진 이름이다.

📢 앞서 설명하였지만, 인공재배의 두 가지 방법, 지상재배와 지면재배가 있으나 지상재배라는 명칭보다 공중재배라는 명칭이 더 이해하기 쉽고, 두 가지 방법을 잘 구분해 주는 명칭인 것 같아 앞으로는 지상재배 대신 공중재배라는 명칭을 사용하기로 한다.

공중재배는 버섯이 종목(버섯종균이 배양된 나무) 아래에 달리므로 수확했을 때의 모양은 손바닥을 펼친 것처럼 넓적하여 일명 빵

떡버섯이라고 불리기도 한다.

재배사 내에 참나무 등의 종목을 철골 구조물을 설치해서 공중에 매달아 재배하는 방식으로 환기나 수분 관리에 주의해야 하지만 단위 면적당 많은 종목을 설치할 수 있고, 버섯 발생이 쉬우며, 성장이 빨라 몇 개월 만에 버섯을 많이 수확할 수 있다.

원목지면재배 방법은 종목을 땅(모래나 마사토)에 심어서 재배하는 방법으로 땅에 심고 종목 위에 모래를 얹어주므로 종목 옆으로 소가 혓바닥을 내민 모양으로 버섯이 자란다. 이 재배방법은 종목을 땅에 심는 개수에 제한이 있고, 성장이 느려 수확 때까지 2년 정도 걸리고, 수확량도 적다는 단점이 있다.
90년대 말 초창기에 재배를 시작할 때부터 재배해 오던 방법이다.

공중재배는 종목이 공중에 달려 있으므로 잘 건조되며, 지면재배와는 달리 종목이 층층으로 매달리고 버섯이 나무 아래에 자라므로 빛을 적게 받게 된다.
그리고 한 재배사 내에 들어가는 종목의 수가 많아 이산화탄소의 발생량이 많다.
그러므로 지면재배보다 좀 더 많은 관수와 광, 환기가 필요하다.

그리고 종목이 층층으로 달려 있어 빛이 측면으로도 많이 비쳐야 하므로 차광막을 천정보다는 측면을 적게 덮어야 한다.
이 점만 주의한다면 재배하는 데 별 어려움은 없을 것이다.

두 가지 방법 모두 우량종목을 만들어 튼튼한 싹을 틔워서 관리만 잘하면 종목의 수명이 다할 때까지 여러 해 계속 수확할 수 있다는 이점이 있다. 그러나 이렇게 되기까지에는 어느 정도의 기술이 필요하다.

그러나 한 가지 재배방법만 제대로 익히면 다른 방법으로 재배하는 데에는 무리가 없을 것이다.

또한, 싹이 난 버섯을 가정에서 화분에 심거나 줄을 설치해서 매달아 스프레이로 물을 뿌려 취미로 재배할 수도 있고, 집안의 화단이나, 산속의 그늘지고 습한 곳에 두어 때때로 물을 뿌려 습도를 맞춰 재배해 볼 수도 있다.

이외에도 여러 방법이 있을 수 있겠으나 상황버섯 재배기술의 핵심은 상황버섯 균의 특성과 균을 잘 다룰 수 있는 기술만 제대로 익힌다면 어디서 어떤 방법으로 재배하든 별 어려움이 없을 것이다.

공중재배 방법

공중재배에서 수확한 버섯

지면재배 방법.
1년생 버섯이 자라고 있다.

지면재배 방법.
3년생 버섯이 자라고 있다.

지면재배 방법에서 수확한 버섯

🏛 원목공중재배와 원목지면재배 두 가지 방법에 들어가는 종목은 같은 것을 사용한다.

재배사는 비닐하우스를 지어 재배하는 일반적인 방법을 많이 사용한다.

근래에는 반영구적으로 사용하도록 설계하여 건축하는 방법도 시도되고 있다. 튼튼하게 건축하면 자연재해에 대한 염려와 재배사에 들어가는 주기적인 비용을 줄일 수 있는 장점이 있으나, 비용이 많이 들며 한번 건축한 재배사는 고치기가 힘들다는 단점이 있다. 그러면 원목인공재배의 두 가지 방법을 지금부터 설명하고자 한다.

🏛 본론으로 들어가기 전에 이 책에 나오는 여러 수치에 대해 언급하고자 한다. 이 책에는 많은 수치가 나온다.

이를테면 재배에서 언제 어떻게 할 것인지에 관한 날짜와 시간, 관수 파이프와 노즐의 수 그리고 시간과 양, 차광막의 두께와 몇 벌을 언제 덮어야 하는지 그리고 환기구의 숫자를 비롯한 재배사의 구조에 관한 여러 수치 등이다.

그러나 이 수치들은 그대로 따라 하라는 것이 아니다.

영남알프스 상황버섯농장은 경북 청도의 영남알프스라 불리는 산자락에 위치해 있다.

이 점을 염두에 두고 더 남쪽 지방이나, 평야지대, 산악지대, 북쪽 지방 등은 햇볕의 강도나 쬐는 시간, 온도나 날씨 차이, 재배사의 구조 등에 따라 매다는 시기나 심는 시기, 차광, 관수, 환기, 수확 시기를 조금씩 조정해야 하며, 특히 수치로 표시된 관수시간, 덮는 차광막의 두께와 종류 등은 여러 해 재배한 경험적인 내용이므로 참고할 수는 있으나 각 지역에 맞는 재배환경을 찾아내는 것은 독자의 몫이다.

7장 원목공중재배(일명 지상재배, 공중부양식 재배)

그러면 잘 배양된 종목을 만드는 방법부터 알아보자.

❶ 종목 만드는 방법

종목을 만들기 위해서는 다음의 6가지 단계를 거쳐야 한다.

1. 원목의 선택

활엽수 수종이면 대체로 원목으로 사용할 수 있으나 대부분의 농가에서는 참나무를 많이 사용한다.

2. 원목의 벌목 및 건조

벌목은 나무의 수액이 정지되고 양분축적이 제일 많은 겨울철에 벌목하는 것이 좋으며, 벌채한 원목은 120~160cm 정도로 절단하여 직사광선이 닿지 않는 곳에 바람이 잘 통하도록 쌓아 건조시킨다.

3. 단목자르기

원목의 직경이 15cm 정도인 것을 20cm 정도로 자른다. 직경이 조금 더 가늘거나 굵어도 관계없다.

🏺 원목을 길게 잘랐을 경우 버섯발생량은 많으나 종균배양이 나무 끝까지 되지 않아 불량종목이 될 우려가 있다.

4. 원목의 살균

살균방법에는 고압살균과 상압살균 두 가지 방법이 있다.

5. 종균접종

살균한 원목을 무균실에서 잡균이 오염되지 않게 우량 종균만 접종한다.

6. 원목배양

접종이 완료된 원목은 배양실에서 3~4개월 정도 배양하게 된다.

지금까지 종목 만드는 방법을 간략히 알아보았다.
잘 배양된 종목을 구별하는 방법은 비닐 내에 든 종목에 종균이 골고루 퍼져 노란빛 색깔을 한 종균 껍질이 종목 전체를 두껍게 둘러싸고 있는 경우이다.
종목에 종균 껍질이 많이 붙어 있지 않거나 나무가 그대로 보이는 부분이 많거나 푸른곰팡이가 피어 있다면 잘 배양된 종목이 아니다.

잘 배양되고 있는 종목.
종목이 누른 빛을 띠며 잘 배양되고 있다.

잘 배양된 종목.
종목에 종균이 골고루 퍼져 노란빛 색깔을 한 종균 껍질이 종목 전체를 두껍게 둘러싸고 있다.

잘 배양된 종목.
종목의 아랫부분까지 종균이 잘 배양되어 있다.

잘 배양된 종목.
종목의 아랫부분까지 종균이 두껍게 둘러싸고 있다.

🔔 종목 만드는 방법은 어느 정도의 기술이 필요하므로 간단하게 설명하였다.

직접 만드는 기술을 익힐 때까지, 처음에는 종목을 만드는 농가나 업체에서 구매하는 것이 편하고 경제적인 방법이다.

2 재배사 지을 장소 고르기

배수가 좋고 주변에 오염원이 없으며 햇볕이 잘 드는 곳이 좋다. 주변의 땅보다 낮으면 배수에 문제가 되므로 주변보다 최소한 30~40cm 정도 높은 곳이 좋다. 낮다면 땅을 돋우어서라도 주변보다 높일 것을 권한다.

배수가 잘될 뿐 아니라 태풍이나 장마, 또는 갑작스러운 폭우로 인한 침수피해를 줄일 수 있기 때문이다. 잘 배수되는 재배사를 짓는 것은 우량버섯을 생산하는 데 필수요건이다. 관수한 물이 원활하게 잘 배수되어야 곰팡이나 잡균의 발생이 적으며, 재배사 내의 상태가 청결하게 유지될 수 있다.

재배사 바닥은 물 빠짐이 좋은 모래나 마사토를 10~20cm 정도 깔면 배수가 원활하여 재배하기 쉽다.

한, 두 동을 소규모로 재배한다면 손수레로 직접 모래나 마사를 넣어 재배할 수 있다.

그러나 많은 동을 대규모로 재배한다면 트랙터와 같은 농기계를 사용하면 편하게 작업할 수 있다.

또한, 재배사를 지을 때 철골 구조물을 세워야 하므로 바위나 돌이 많은 곳은 피한다.

그리고 수도나 전기시설이 가능한 곳이어야 한다.

그러나 한, 두 동을 소규모로 재배한다면 수도나 전기시설 없이도 가능하다.

수도나 전기시설은 모터를 돌려 관수하거나 관정의 물을 퍼 올리기 위한 것인데 이 시설이 없는 산속이나 외진 곳이라면 깨끗한 물을 분무기에 담아 등에 메고 손으로 압력을 가하여 적당량 분사하면 된다. 다른 계절에는 별 어려움이 없으나 한여름에는 많은 관수가 필요하므로 노력이 필요하다.

🔔 가정의 정원이나 거실에서 건강이나 취미로 재배를 한다면 일반 화초를 키우듯 물뿌리개로 물을 뿌리거나 손으로 사용하는 스프레이 기구를 사용하면 된다.

실제로 과거 처음 재배를 시작했을 때 수도나 전기시설이 되기 전에 농장 앞의 계곡물로 잠시 재배한 적이 있었다.

등에 물통을 메고 다니며 손으로 물을 분사하는 분무기로 잘 재배할 수 있었다.

그러나 시냇물이나 계곡물은 아무리 깨끗하더라도 지표면을 흐르는 물은 오염될 수 있으므로 가능하면 깨끗한 지하수를 사용할 것을 권한다.

수도시설이 되어있다면 수도꼭지에 호스를 연결하여 분무기를 달아 분무하는 것도 한 가지 방법이 될 수 있다.

먼저 땅을 평평하게 고른 다음, 마사토나 물 빠짐이 좋은 모래를 넣고, 재배사를 지을 장소를 실로 표시한다. 재배사의 면적은 여러 조건을 고려하여 120m²(약 36평)~300m²(약 90평) 정도면 무난하나,

더 넓거나 좁아도 기술만 있다면 큰 문제가 되지 않는다. 폭은 5~7m, 길이는 20~50m 정도, 높이는 중앙 가장 높은 곳이 3~3.5m 정도가 무난하나 폭이나 길이, 높이는 더 넓거나 길거나 높거나 낮아도 그에 맞춰 시설하고 재배하면 별 무리가 없다.

🔔 지면재배는 재배사의 높이가 공중재배보다 조금 낮아도 관계없다. 3m 정도가 적당하다.

앞, 뒷문은 사람이 손수레를 끌고 다닐 정도 크기 이상이어야 하고, 출입이 편리한 쪽의 문은 소형 트랙터가 드나들 정도의 크기면 좋다.

재배사 사이의 간격은 소홀히 하고 붙여 짓기 쉬운데 앞 재배사에 가려 뒷 재배사에 빛이 도달하지 못하여, 결국 측면 하단부는 차광막을 여러 겹 설치한 경우가 되어 조도가 맞지 않아 기형의 버섯이 자라게 되며, 종목의 약화를 가져와 여러 병충해에 시달리게 된다.

또한, 잡초를 제거하거나, 차광막이나 비닐을 설치할 경우나 제거할 때 어려움을 겪을 수 있으므로 재배사 사이의 간격은 가능하면 1m 정도로 할 것을 권한다.

단, 재배사를 연달아 짓더라도 재배사 안 공간이 트여 연결된 재배사, 다시 말해서 연동형 재배사는 해당되지 않는다.

그리고 재배사들 사이를 트럭이나 트랙터가 자유로이 다닐 수 있는 큰길을 만들어 두면 여러 가지 작업에 한결 도움이 된다.

재배사들 사이로 큰 길이 나 있다.

❸ 재배사 골조설치

먼저 가는 쇠파이프(굵기 25~30mm정도)를 이용하여 둥글게 50~70cm 간격으로 골조를 세운다. 땅바닥에 40~50cm 정도 박아 단단히 고정한다.

쇠파이프(굵기 50mm정도) 3~4개와 가는 쇠파이프(굵기 25~30mm 정도) 여러 개를 길게 설치하여 둥글게 세운 파이프들을 길게 연결한다.

비닐과 차광막, 카시미론 솜을 고정할 수 있도록 사철을 끼울 수 있는 패드를 바닥에서 30~40cm 정도, 80~120cm 정도 두 개를 재배사 전체를 돌아가며 고정해 둔다.

재배사 앞, 뒷면은 가는 파이프와 굵은 파이프를 사용하여 문을 만들고 문 옆으로 파이프를 연결하여 마무리한다.

문은 차광막과 카시미론, 비닐을 사용하여 옆으로 여닫을 수 있도록 크게 만들고 방충망을 같이 설치해 둔다.

폭설이나 습설, 태풍을 대비하여 재배사 중간중간에 4~5m 간격으로 지지대(굵기 50mm정도)를 세워 막사 천정의 굵은 쇠파이프를 지지해 주면 좋다.

또한, 지면재배와는 달리 가장자리 통로로도 다녀야 하므로 가로로 들어가는 25~30mm 쇠파이프를 구부릴 때 1m 80cm 정도 높이에서 구부려야 한다.

🔔 쇠파이프 판매업체에 파이프의 구조만 설명하면 밴딩해서 배달해
준다.

쇠파이프가 튀어나온 부분이나 날카로운 부분이 없게 골조를 만들
어야 나중에 비닐을 씌울 때 찢어지지 않고 안전하게 작업할 수
있다.
재배사의 기울기 또한 중요한데 폭설이나 통상 봄이 거의 다 되어
내리는 습설(물기를 가득 머금은 눈)의 피해를 줄이는 데 도움이 되
기 때문이다. 또한, 재배사 중앙에 지지대를 받치는 것과 여분의 지
지대를 준비해 두는 것도 피해를 막는 한 가지 방법이다.

층층으로 매단 종목에 물이 골고루 분사될 수 있도록 재배사 천정
에 지름이 40~50mm 정도의 PVC 관수 파이프를 넓이에 따라 적
당하게 설치하고 호스를 길게 하여 노즐을 달거나, 그에 더해 좌,
우측에 파이프를 길게 설치하고 적당한 간격으로 관수노즐을 달아
종목에 물이 고르게 분사될 수 있도록 할 수도 있다.
재배사의 폭이 넓다면 그에 맞춰 관수 파이프와 호스에 관수노즐
을 설치하면 된다.
중요한 점은 관수를 했을 때 물이 골고루 분사되어 관수되지 않는
곳이나 너무 많이 관수되는 곳이 없도록 관수시설을 한다.

🔔 지면재배는 땅에만 버섯이 심겨 있으므로 재배사 천정에만 넓
이에 따라 적당하게 관수시설을 하면 된다.

🏛 관수파이프나 노즐의 종류도 여러 가지가 있으므로 튼튼하고 오래 사용할 수 있는 것으로 농자재 상사에서 구입한다. 특히 재배사 외부로 노출되는 관수파이프는 오래 사용할 수 있는 제품으로 구입하고, 관수노즐은 안개처럼 물을 작은 입자 방식으로 분사할 수 있는 것으로 구입하면 좋다.

이제 재배사의 골조는 완성되었다.

골조를 설치한 모습.

출입문의 크기와 중간에 세워진 지지대를 볼 수 있다.

재배사 골조에서 비닐과 카시미론 솜을 해체하는 작업을 하고 있다.

골조를 설치한 모습을 멀리 옆에서 본 모습이다.

4 재배사 내 종목을 매달 철골 구조물 설치

종목을 매다는 구조물은 통상 쇠파이프 20~50mm 정도를 많이
사용하여 계단식으로 구조물을 만든다.

철골 구조물 중간중간에 굵은 쇠파이프를 설치해서 재배사 위의
파이프를 지탱해 주어야 재배사가 튼튼하며 태풍이나 폭설, 습설
의 피해를 막을 수 있다.

재배사의 폭이 넓은 경우 지지대는 재배사 위의 파이프를 별도로
지지하고 철골 구조물은 따로 설치해도 된다.

공중재배는 지면재배와는 달리 버섯의 상태를 한눈에 파악하기 어
려우므로 중앙통로뿐만 아니라 좌, 우측 통로도 만들어 버섯을 잘
관리할 수 있도록 한다.

재배사 내의 중앙에 폭이 최소 1m 정도의 통로를 만들고 양쪽 가장자리에도 다니면서 여유 있게 작업할 수 있도록 80cm 이상의 통로를 만든다.

특히 중앙통로는 인부들이 다니면서 일할 공간을 충분히 확보해야 한다.

최소 손수레를 끌고 다니면서 작업할 공간을 만들면 작업이 한결 수월하다. 소형농기계가 다닐 수 있는 정도의 폭이면 더욱 좋다.

앞으로 어떤 전동식 농기계가 나올지 모르므로 여유 있게 폭을 잡는 것이 좋다.

재배사의 폭이 넓은 경우, 철골 구조물은 좌, 우측에 충분한 공간을 두고 설치한다.

철골 구조물은 재배사의 높이에 따라 3~4단 정도까지 설치할 수 있으나 통상 3단 정도로 제작하는 것이 재배하기에 여러모로 알맞다.

너무 많은 종목을 여러 단 재배해 보면 환기조절이 어려우며, 관리도 여러 면에서 까다롭다.

버섯이 자라는 모습을 한눈에 파악할 수 없을 뿐 아니라 중간에 있는 종목의 상태를 살필 때나, 수확할 때도 어려움이 따른다.

종목을 매달 수 있는 쇠파이프는 가는 파이프를 사용하여야 종목을 쉽게 매달고 벗길 수 있으며, 종목에 못을 박고 구부릴 때도 쉽게 작업할 수 있다.

종목에 박는 못의 크기에 따라 쇠파이프의 굵기가 달라질 수 있으나 통상 지름 20~25mm 정도로 좀 가는 것을 길게 설치한다.

못을 구부려 매달기도 쉽고 종목을 움직여 상태를 관찰하기에도 쉽다.
종목에 박힌 못을 직접 쇠파이프에 거는 것이 여러모로 편리하다.

종목이 지면에 너무 가까이 달리거나, 종목 아래위, 좌우 간격이 너무 가까우면 관수가 잘 안 되는 곳이 발생하며, 환기도 원활하지 못하고, 빛이 잘 비치지 못하여 기형의 버섯이 발생하거나 종목의 약화를 초래한다.

특히 지면에 가깝게 매달면 성장상태를 살피기 위해서는 몸을 구부리거나 원목을 들어봐야 하므로 허리나 목, 손목에 무리가 갈뿐더러 관리하는 데 여러모로 불편한 점이 많다.

그러므로 맨 아래 달리는 종목은 지면으로부터 60~70cm 정도는 되도록 구조물을 설치하고, 아래, 위 종목이 25~30cm 정도는 띄워서 달리도록 구조물을 설치해 나간다. 여유 있게 거리를 두고 매달아야 작업이 수월하며 우량종목을 계속 유지할 수 있다.

구조물을 어떻게 만드느냐에 따라 버섯의 품질에 지대한 영향을 미치므로 재배사의 크기나 환경에 잘 맞게 설계하여 만들도록 한다.

🔔 처음 재배하거나 취미나 건강을 위해 재배를 하는 분들이나 구조물을 설치하지 않고 재배를 원한다면 재배사 이 끝에서 저 끝까지 튼튼한 줄을 여러 개 치고 중간중간에 지지대로 줄이 쳐지지 않게 받쳐 줄에 종목을 매달아 재배해 보는 것도 한 가지 방법이다.

철골 구조물 설치. 아래, 위 간격에 유의

철골 구조물 설치. 상하, 좌우 간격에 유의

철골 구조물 설치. 상하, 좌우 간격에 유의

철골 구조물 설치. 맨 밑의 파이프와 지면과의 거리에 유의.

❺ 재배사 골조 위에 비닐 및 차광막 설치

원목공중재배의 재배사는 비닐하우스를 지어 차광막을 씌워 재배하는 방식이 보편적으로 사용되고 있다.
손으로 직접 비닐과 카시미론, 차광막을 씌우거나 벗길 수도 있으며 햇볕의 강도에 따라 차광막을 씌우거나 벗겨 조도를 조절할 수도 있다.

또한, 시기나 햇볕의 강도, 온도에 맞춰 조도조절을 하도록 시설할 수도 있는데, 장점은 시설 후 조도조절이 쉬우므로 우량품종의 버섯을 다수확 할 수 있다는 점이다.
그렇게 시설하는 간단한 방법을 지금부터 알아보자.

비닐과 차광막을 덮는 방법은
쇠파이프 골조 위에 비닐(0.08mm)＋카시미론 솜 8온스 한 겹(지역에 따라 4~8온스 한 겹을 더 덮어 조도를 조절할 수도 있다)＋비닐(0.08mm)＋차광막 75% 1벌＋차광막 35% 2벌을 덮는다.

비닐, 차광막, 카시미론을 골조에 고정하는 방법은 골조에 미리 설치해 둔 패드에 사철을 끼우는 방법이 많이 사용된다.
(나중에 설명하겠지만 골조에 고정할 때 허리 높이까지 고정하고 밑부분은 환기를 위해 말아 올리거나 내리는 장치를 할 수도 있다)
또한, 패드에 끼우는 대신 골조 밑부분에 줄로 군데군데 매어 고정하고 차광막 윗부분에 줄을 치는 방법이 있다.

이 방법은 재배사가 길고 많은 동이 있을 때 주로 사용하는 방법이고 짧은 재배사는 사철을 끼워서 고정하는 방법을 많이 사용한다. 편한 방법을 선택해서 고정하면 된다.

위의 경우에 차광막 75% 1벌은 허리 높이까지 고정하고 35% 2벌은 골조에 고정시키지 않는다.

차광막 75% 1벌과 35% 2벌은 골조에 고정하는 것이 아니라 개폐할 수 있도록 시설한다.
개폐할 수 있도록 시설하는 방법은 안쪽에 비닐, 카시미론, 차광막을 덮고 고정하고 천정 환기구까지 설치한 뒤, 차광막 세 벌을 설치하기 위해 천정 환기구 좌, 우측에 차광막을 사철로 고정할 수 있는 패드를 재배사 길이로 고정하고 차광막 세 벌을 패드에 고정한 다음, 바닥까지 내려온 차광막을 좌, 우측에 세 개씩 총 여섯 개의 쇠파이프에 따로 감고 고정한다.

75% 1벌은 손잡이로 된 개폐기에 좌, 우측 한 개씩 연결하여 가슴 높이까지 개폐하고, 35% 2벌은 체인 개폐기에 좌, 우측 2개씩 총 4개를 쇠파이프와 연결하여 차광막을 천정부까지 말아 올리고 내려 조도를 조절하도록 시설한다.

이렇게 차광막 세 벌을 개폐할 수 있도록 시설해 두면 계절과 관계없이 햇볕의 강도나 날씨에 따라 바로 조도를 조절할 수 있으므로 우량품종의 버섯을 다수확 할 수 있다.

모터를 장착하여 자동으로 개폐할 수도 있다.

물론 앞서 언급하였지만 손으로 직접 차광막을 덮거나 벗길 수도 있다. 재배사의 수가 적다면 손으로 직접 작업해도 무리가 없다.

🔔 수동개폐기도 체인으로 된 것과 손잡이로 된 것이 있는데 체인으로 된 것이 바닥에서 천정부까지 말아 올리고 내리는 데 적합하다. 최근에는 완성된 재배사를 만들어 판매하거나 주문 제작하는 업체도 있어 한결 편리해졌다.

햇볕의 강도나 계절 또는 날씨에 따라 차광막을 벗기거나 씌우도록 한다.

계절과 관계없이 햇볕의 강도에 따라 잠시라도 차광막을 벗기거나 씌우는 것이 좋다.

통상 날씨나 햇볕의 강도에 따라 5월 중, 하순부터 35% 차광막을 적당히 더 덮어가고, 한여름 고온기에는 차광을 더하며 8월 중, 하순부터 35% 차광막을 적당히 벗겨가면서 조도를 조절한다. (영남알프스 상황버섯 농장기준)

75% 차광막은 어느 때이든 개폐할 수 있으나 주로 봄과 가을에 햇볕의 강도가 약할 때 많이 개폐하고 흐리거나 장마철에도 개폐한다.

햇빛이 종일 비치는 평야 지대이거나 남쪽 지방으로 갈수록 35% 차광막을 조절하여 더 덮어야 하고 반대의 경우, 얇게 덮어야 한다.

🔔 영남알프스 상황버섯농장은 경북 청도에 있으며 영남알프스라 불리는 산자락에 위치해 있다.

이 점을 염두에 두고 더 남쪽 지방이나 북쪽 지방은 햇볕의 강도, 온도나 날씨 차이에 따라 매다는 시기나 차광, 관수, 환기, 수확 시기를 조금씩 조정해야 한다.

카시미론 솜을 사용하면 상황버섯이 좋아하는 은은한 산광을 더 쉽게 얻을 수 있어 재배가 쉬우며, 보온효과가 크고 카시미론 솜 밑의 비닐이 상당히 오래가므로 때때로 솜 위의 비닐과 차광막만 교체하면 된다는 장점이 있다.

반면에 그냥 비닐과 차광막만 사용했을 때는 비용이 저렴하며 설치가 쉽다는 장점은 있으나 카시미론을 사용했을 때만큼의 산광을 얻을 수 없고, 오래 사용하지 못하며 교체 시기가 더 짧다는 단점이 있다.

🔔 처음 재배를 시작한다면 카시미론 솜을 사용하고 어느 정도 기술에 자신이 있을 때 비닐과 차광막을 사용해서 재배해 볼 것을 권한다.

환기구 좌, 우측에 패드를 재배사 길이로 고정하고 차광막을 패드에 고정한
모습

차광막 35% 두벌을 손으로 작동하여 벗기거나 씌우도록 장치한 장면

차광막을 말아 올리는 양쪽 쇠파이프 밑에 잘 움직이도록 장치한 모습

차광막을 손으로 작동하여 35% 1벌만 씌운 장면이다.

차광막을 손으로 작동하여 35% 2벌을 씌운 장면이다.
한 벌은 가슴높이까지 씌웠다.

차광막을 감은 쇠파이프가 쳐지지 않게 흰 줄을 쳐서 받쳐준다.

천정과 측면의 차광 정도를 달리 해 주어야 한다. 일반적으로 측면의 차광을 덜 해 주어야 한다.

측면의 차광막을 상태에 따라 가슴높이로 적당하게 말아 올리고 내려서 천정으로부터의 조도에 맞추어 나가야 한다.

여름철 고온기에는 비닐(0.08mm)＋카시미론 솜 8온스 한 겹(지역에 따라 4~8온스 한 겹을 더 덮어 조도를 조절할 수도 있다)＋비닐(0.08mm)＋차광막 75% 1벌에 차광막 35%를 적당히 더 덮어 조도를 조절한다.

또 다른 방법으로 비닐(0.08mm)＋비닐(0.08mm)＋차광막 90~95% 1벌에 차광막 35%를 적당히 더 덮어 조도를 조절하여 여름을 지낸다. 이 경우에도 손으로 차광막을 개폐할 수 있으나 수동으로 개폐할 수 있도록 시설하면 편하다.

(카시미론을 사용하지 않는 이 방법은 어느 정도 재배에 자신이 있을 때 시도해 볼 것을 권한다)

5월 중, 하순이나 6월 초순부터 8월 중, 하순까지 조도를 이렇게 맞춰 준다

장마가 끝나고 햇볕이 강하게 내리쬐는 7월 초, 중순경에는 차광에 특히 주의를 기울여야 한다. 이때는 신속히 차광막 35%를 적당히 더 덮어 조도를 조절해 주어야 한다.

🔔 참고로 많이 유통되는 차광막의 종류를 나열해 둔다.

35%, 55%, 75%, 85%, 90%, 95%, 98%

퍼센트가 낮으면 차광막이 얇고 빛의 투과가 많으며, 두꺼울수록 정반대다.

근래에는 차광막의 종류도 더 다양해졌으며 98%까지 차광 되는 종류와 훨씬 질기고 오래가는 차광막도 나와 있으며, 색깔도 다양해지고 있다.

차광을 어느 시기에 어느 정도로 할 것인가는 상황버섯재배에서 핵심기술 중 하나이다.

상황버섯은 속배양 때, 싹을 틔울 때, 자랄 때, 폭염 시에, 장마철에, 가을에 햇볕의 강도가 약해질 때, 겨울철 동면기에 차광을 각각 달리해 주어야 한다.

또한, 햇볕의 강도에 따라 수시로 차광을 달리해 주면 좋다.

차광막도 몇 퍼센트의 차광막을 어느 정도로 덮을 것인가는 성장 상태에 따라 신중하게 결정해 나가야 한다.

35%는 차광막 중에서 차광률이 가장 낮고 가볍다. 따라서 다루기는 쉽지만, 햇빛에 오래가지 못하는 단점도 있다. 더 두꺼운 차광막을 씌우면 오래가고 자주 교체하지 않아도 된다. 그러나 이 책에서 35%를 주로 사용하는 이유는 미세하게 차광의 정도를 조정할 수 있어 버섯의 생육환경에 잘 맞춰갈 수 있다는 점이다.

차광을 어떤 빛의 밝기에 얼마만큼 할 것인가는 몸으로 빛의 밝기를 익히는 것이 가장 좋은 방법이다.

조도계를 가지고 다니면서 수시로 재배사 내의 조도를 체크한다면 빛의 밝기를 잘 감지하고 차광막을 덮거나 벗겨야 할 시기를 파악하는 데 큰 도움이 된다.
조도계도 전자상사에서 디지털로 된 조도계를 구입한다면 빛의 밝기를 신속하게 몸으로 익히는 데 도움이 된다.

앞으로도 자주 강조할 것이지만 공중재배, 지면재배 모두 천정과 측면의 차광 정도를 달리 해 주어야 한다. 일반적으로 측면의 차광을 덜 해 주어야 하는데, 지면재배보다 공중재배가 더 줄여야 한다. 또한, 유의할 점으로 지면재배는 빛을 바로 받지만, 공중재배는 종목이 공중에 달려 버섯이 나무 아래에 달리므로 빛을 적게 받게 된다는 점이다.

차광막을 덮는 방법을 요약하면
버섯의 생육환경에 맞도록 차광막으로 계속 조도를 조절해 나가는 것이다. 버섯이 노랗게 잘 자란다면 계속 그 상태를 유지하도록 차광막을 덮거나 벗기는 것이다.
또한, 천정의 차광막을 통해 들어오는 빛에 버섯이 잘 자란다면 그에 맞는 조도를 측면에도 하도록 하는 것이다.

이 점은 이 책 전체에서 차광막을 어떻게 덮어야 한다고 이야기할 때 모두 해당되는 내용이므로 꼭 유념해 두도록 하자.

차광에서 또 한 가지 유의할 점으로 자신도 모르게 재배사의 차광을 달리한다는 점이다.

여름으로 갈수록 재배사 주위에 잡초가 무성하게 자라 차광을 방해할 수도 있고, 옥수수와 같은 채소를 심거나, 유실수를 심어 방해할 수 있으므로 항상 차광을 방해하는 것에 주의해야 한다.

차광막을 얼마나 덮어야 하는지는 뒤에서 차광이 맞지 않을 때 나타나는 여러 가지 현상에서 자세히 설명한다.

상황버섯 재배사를 덮는 비닐은 장수비닐로 통상 0.08~0.1mm를 많이 사용한다.

재배해 본 경험으로는 0.08mm 비닐 두벌을 덮는 것이 적합하였다.
0.08mm 이하나, 0.1mm가 넘는 두께를 사용해도 좋다.
장수비닐은 일반 비닐보다 수명이 길다.
색깔이 푸른 빛을 띠므로 쉽게 일반 비닐과 구분할 수 있다.

비닐의 종류를 나열하면 … 0.04mm, 0.05mm … 이렇게 0.01mm 단위로 주문할 수 있다.
비닐이 얇으면 가볍고 다루기 쉬우며 저렴하나 수명이 짧다는 단점이 있다. 두꺼우면 반대이다.

🔔 비닐을 필름으로 부르기도 한다.

여기서 한 가지 제안할 점은 국내 시설 하우스 농가의 상당 부분이 봄철에 비닐과 차광막을 주문한다는 점이다.
그러므로 봄철에 비닐과 차광막을 주문하면 시일이 오래 걸려 설치에 차질을 빚을 수 있으므로 봄철이 되기 전에 일찍 주문해서 준비해 둔다면 제 때에 어려움 없이 설치할 수 있을 것이다.

🏯 비닐을 설치할 때 주의할 점은 차광막은 바람이 불거나 일기가 나빠도 설치하는 데 큰 어려움은 없다.

물론 95%나 98% 차광막이 길면 무게가 많이 나가 운반하고 설치하는 데 조금의 어려움은 있다.

그러나 비닐은 다르다.

조금의 바람만 불어도 설치에 상당한 어려움을 겪게 된다. 긴 비닐을 설치하려고 꽉 붙잡고 있다가 바람이 갑자기 불면 비닐과 함께 공중으로 몸이 날리기도 하고 언덕에 굴러떨어질 수도 있다.

그러므로 비닐을 안전하게 설치하는 방법을 제안한다면 통상 재배사 골조에 비닐을 설치하는 때는 4월이나 5월이다.

이 시기는 봄바람이 많이 부는 시기이나 이상하게도 새벽에는 바람이 잔잔할 때가 많다.

맑은 날 새벽 해 뜰 때부터 오전 9시나 10시까지가 바람이 잔잔한 시기이다.

이 때에 신속하게 비닐을 설치해야 한다.

새벽에 바람이 잔잔한 날도 오전 9시나 10시경부터 바람이 불기 시작하므로 시기를 잘 선택하는 것이 중요하다.

또한, 봄철에 비교적 온도가 높을 때 설치하므로 비닐을 너무 당겨 골조에 밀착하여 설치하면 겨울에 온도가 낮아 비닐이 수축되면 문제가 되므로 적당히 당겨 설치해야 한다.

비닐을 설치하고 있다.
우측 재배사는 비닐을 설치하고 차광막을 덮은 모습이다.

비닐 설치.
비닐 설치를 마친 모습이다.

비닐 설치.
비닐을 설치한 후 재배사 내의 모습이다.

차광막 설치. 비닐 위에 차광막을 설치한 후의 모습이다.
환기구와 낙하산 줄도 보인다.

그리고 5~6m 간격으로 낙하산 줄을 매어 차광막과 비닐이 바람에 날리지 않게 해야 태풍이나 강풍으로 인한 피해를 입지 않는다.

상황버섯은 한 번 재배했던 재배사를 그대로 사용하여 재배하면 병충해에 시달리기 쉬우며 우량버섯을 생산하기 힘들다.
그러므로 한번 재배했던 재배사는 자연광과 환기로 자연 소독한 뒤 다시 재배하거나 새로 교체하여 재배하는 것이 좋다.

카시미론 솜을 사용할 경우 맨 안쪽의 비닐과 카시미론 솜은 한번 재배했더라도 별로 낡지 않았으므로 그대로 두고 바깥쪽의 비닐과 차광막이 낡았다면 교체하고 맨 안쪽의 비닐을 물로 충분히 세척한 뒤 모든 환기구를 다 열어 충분히 환기되게 하고, 자연광으로 한 달 이상 소독한 뒤 다시 재배한다.
공중재배는 바닥에 모래나 마사를 10~20cm 정도 다시 깔고 지면재배는 좀 더 두껍게 마사를 넣고 재배를 다시 시작한다.
한, 두동을 소규모로 재배한다면 손수레로 직접 마사를 넣어 재배할 수 있다. 그러나 많은 동을 대규모로 재배한다면 트랙터와 같은 농기계를 사용하면 편하게 작업할 수 있다.

원목공중재배(지상재배)의 재배사는 비닐하우스를 지어 재배하는 방식이 보편적으로 사용되고 있으나, 근래에는 반영구적인 재료를 사용하여 튼튼하게 지어 채광시설까지 갖추거나, 바닥을 시멘트로 하여 레일까지 깔아 한결 손쉽게 재배하는 방법이 연구되고 있다.
하지만 초기비용이 많이 들고 어느 정도 기술에 자신이 있을 때 시도해 볼 수 있는 방법이다.

또한, 시기나 온도에 맞춰 조도조절을 하도록 건축할 수도 있는데, 장점은 건축 후 조도조절이 쉬우므로 우량품종의 버섯을 다수확 할 수 있다는 점이다.

인공채광은 재배사 내의 조도를 인공으로 맞춰나가는 방식으로 마음대로 조도를 조절할 수는 있으나, 주기적인 비용이 든다는 단점이 있다.

⑥ 외국의 사례

실제로 중국 남통이라는 도시로 해외연수를 갔을 때, 상황버섯과 재배방법이 흡사한 면이 많은 영지버섯 재배사를 방문하였는데 반영구적인 자재를 사용하여 튼튼하게 건축하였다. 천정은 자연채광이 될 수 있는 재료를 사용하였으며, 빛의 밝기를 조절할 수 있도록 하였고, 중앙통로를 넓게 하여 기계화나 자동화 시설을 갖출 수 있도록 잘 설계하였음을 볼 수 있었다. 멋진 식물원에 들어온 것 같은 느낌이 들었다.

영지버섯도 잘 성장하고 있었다. 재배사 내의 환경이나 시설들은 역시 버섯 선진국다운 면을 엿볼 수 있었다.

또한, 네덜란드 암스테르담 근교의 한 버섯재배사를 방문하였는데 역시 반영구적인 건축 재료를 사용한 재배사였다. 허리를 많이 구부리거나 불편한 곳이 없이 모든 점에서 쉽게 일할 수 있도록 재배사를 설계하고 건축하였으며, 또한 빛이나 환기의 사각지대가 없도록 하고, 배수가 잘되도록 통로를 정비해 두었다.

중국 남통의 버섯연구소 앞에서

네덜란드 버섯 전문 연구소 앞에서

특히 인상 깊었던 점은 넓은 면적의 여러 재배사를 한 박스 안에 있는 제어장치로 모든 것을 파악하고, 제어하고 관리한다는 점이었다. 역시 여러 면에서 세심하게 시설하고 일하는 면에서 버섯 선진국다운 면모가 엿보였다. 버섯재배의 기술발전과 아울러 재배사를 건축하는 면에서도 많은 연구가 이루어져야 할 것이다.

네덜란드 버섯 연수 도중 교육센터 앞에서

7 환기 시설

완성된 재배사에 환기 시설을 해야 하는데 상황버섯은 환기를 어떻게 하느냐에 따라 종목의 수명과 버섯의 품질이 크게 좌우된다.

재배하면서 점점 더 환기의 중요성을 실감하며, 상황버섯은 환기에 대단히 민감한 균류라는 것을 절실히 깨닫게 된다.

앞, 뒷문은 크게 설치하되 최소한 손수레가 다닐 정도의 크기면 좋다. 앞문은 장래를 생각하여 소형 트랙터가 다닐 정도의 크기면 더 좋다. 폭염 때 앞, 뒷문을 개방해서 환기를 시킬 경우라면 방충망을 설치해 둔다.
앞, 뒷문을 개방해서 환기를 시킬 수도 있으나 앞, 뒷문 옆에 큰 창을 만들고 방충망을 설치해서 환기를 시킬 수도 있다.

🔔 방충망을 설치하는 이유에 대해서는 뒤에서 상황버섯 병충해 12가지 및 방제법에서 자세히 설명한다.

천정은 3~4m 정도의 간격으로 지름이 약 50~60cm 가량의 환기구를 설치한다. 측면도 3~4m 정도의 간격으로 환기구나 환기창을 설치한다.
한여름 환기가 부족하다면 환기구를 더 설치하거나, 환풍기를 설치하면 된다.

측면에 환기구나 환기창을 설치하는 대신 허리 정도의 높이로 비닐과 차광막, 카시미론을 걸어 올리고 내리는 장치를 할 수도 있다. 하지만 어떤 경우이든 방충망도 같이 설치해야 한다.

🔔 환기구를 설치할 때 비닐과 차광막을 뚫어 설치해야 한다. 이때 주의할 점은 비닐을 열십자로 뚫어 설치하면 나중에 비닐이 당겨져 길게 찢어지게 된다. 그러므로 환기구가 빠듯이 들어갈 정도

의 지름인 플라스틱 둥근 바구니를 대고 둥글게 비닐을 칼로 오려
내어 환기구를 설치하면 비닐을 상하는 일 없이 설치할 수 있고
나중에 비닐이 찢어져 어려움을 겪는 일은 없다.

천정부에 설치된 환기 시설

환기구 전체를 수동으로 개폐할 수 있는 장치

특히 여름철에는 온도가 높고 이산화탄소의 발생량이 많으므로 환기가 잘되어야 버섯이 정상적으로 성장할 수 있다.

좁은 재배사 안에 너무 많은 종목의 설치는 관리도 불편할 뿐만 아니라 환기가 잘되지 않고 서로의 종목에 가려 조도가 맞지 않아 기형의 버섯이 발생 되기 쉬우므로 적당량의 종목을 설치할 것을 권한다.

어느 정도로 설치하는 것이 적당량인지는 뒤에서 자세히 설명한다.

8 관수시설

재배사 천정에 지름이 약 40~50mm 정도의 관수 파이프를 재배사가 긴 쪽으로 재배사의 폭에 따라 적당량 설치하고(재배사의 폭이 5~7m 정도이면 2, 3개의 관수 파이프를 설치) 수압에 따라 적당한 간격(1~1.5m)으로 호스를 길게 설치하여 호스 끝에 관수노즐을 달아 층층으로 매단 종목에 물이 골고루 분사될 수 있도록 한다.

재배사 좌, 우측면에 관수파이프를 설치하고 옆에서 물이 분사되게 하는 것도 한 가지 방법이다.

어떻게 설치하든 중요한 것은 종목에 물이 골고루 잘 분사될 수 있도록 시설하는 것이다.

이제 재배사와 재배사 내에 종목을 매달 수 있는 골조는 완성되었다.

그러면 종목을 매달 순서가 되었다. 배양한 종목을 재배사에 매달기 전에 종목에 붙어 있는 종균껍질을 먼저 제거해야 한다.

🔟 종목 닦기

종목은 맑은 날 온도가 높을 때 재배사 내에 내려놓으면 좋다. 통상 5월 중, 하순경이 무난하다.

5월 중, 하순경이 무난하고 그때 작업을 했을 때 재배가 가장 쉬우나 시기를 놓쳐 좀 더 앞당기거나 미루더라도 그에 맞춰 재배하면 어려움은 따르나 큰 무리는 없다.
실제로 과거에 4월 초순과 8월 말에 종목을 심어 잘 재배한 실제 경험을 뒤에서 재배일지로 기록해 두었으므로 참고할 수 있다.

종목을 가져다 둔 뒤, 재배사 앞, 뒷문을 열어서 시원하고 그늘지게 한다.
비가 온다면 천정 환기구는 닫는다. 그러나 앞, 뒷문은 열어두어야 한다.
비닐 내에서 꺼내지 말고 바로 쌓아둔다.
비닐 내에서 꺼내두면 나무가 말라 종균껍질을 제거하기가 어렵다.

부득이 노지에 쌓아둔다면 직사광선이 쬐지 않도록 차광막으로 덮고 가능하면 바로 재배사로 옮긴다. 온도가 올라가지 않도록 유의한다.
종목은 비닐에 쌓여 있으므로 재배사 내의 온도가 조금만 올라가도 급속히 온도가 올라간다.

🏯 종균은 40℃ 이상 장시간 끌면 사멸한다.

재배사 내에 내려놓은 종목들

재배사 내에서 비닐에서 바로 뜯어 칼과 쇠솔로 종균껍질을 말끔히 제거한다.

종목을 비닐에서 바로 뜯어 작업하면 좋으나 작업이 늦어져 며칠 두면 비닐 내에 물이 생기나 관계없이 작업을 진행하면 된다. 그러나 종목에는 악영향을 미칠 것이다. 그리고 너무 오래 두면 푸른곰팡이가 피므로 가능하면 물이 생기기 전에 재배사 내에 종목을 내려두고 바로 신속히 작업하도록 한다.

종목을 긁는 작업을 한 방법은 고동색 큰 고무통 위에 긴 합판을 두고 의자에 앉아 나무 아래와 위의 껍질은 칼로 썰듯이 긁어내고 옆면은 두꺼운 것은 칼로, 나머지는 쇠솔로 문질러서 말끔히 제거한다.

과거에는 땅바닥에 조그만 방석을 두고 인부들이 앉아서 작업했으나 장시간 작업하니 허리와 다리가 아파서 의자에 앉아서 작업하는 방식으로 바꾸었다.

종균 껍질은 잘 제거하되 나무껍질이 떨어지지 않도록 한다.
특히 뽕나무 종목은 껍질이 얇으므로 세심한 작업이 필요하다.
쓰레기는 큰 고무통에 함께 모아 한쪽에 옮겨 산더미처럼 쌓아두고 종목작업이 끝난 뒤 적당한 때에 처리한다.

인력이 많아도 10명이 넘지 않게 해서 종목을 쇠솔로 말끔히 긁고 적당한 간격으로 종목을 매다는 것이 잘 재배하는 비결이다.
너무 많은 인부는 관리가 어려웠다.

종균껍질을 쉽게 제거하는 기계가 나와 있으므로 구입하면 한결 수월하게 작업할 수 있다.

🔔 한 사람이 손으로 껍질을 벗길 수 있는 분량은 대략 하루 100~300개 정도이다. 기계를 사용하면 하루 2,000~3,000개 정도 작업할 수 있다.

종목 긁는 기계 (앞에서 본 모습)

종목 긁는 기계 (옆에서 본 모습)

잘 배양된 종목으로 종균 껍질이 두껍게 둘러싸고 있다.
(긁기 전의 모습, 뒤에는 비닐을 뜯기 전의 종목)

노랗게 잘 배양된 종목으로, 이런 종목은 대단히 강한 세력을 유지하고
있다.

노랗게 잘 잘 배양된 종목으로 이런 종목은 품질 좋은 버섯을 생산할 수 있다.

종목의 껍질을 말끔히 제거하지 않으면 남은 껍질에 푸른곰팡이가 피거나 싹이 잘 나오지 않는다. 그러나 너무 심하게 제거하다 보면 나무껍질이 떨어져 나가므로 기술이 필요하다.

이제 잘 배양된 종목을 재배사 내에 설치하는 작업에 대해 알아보자

🔟 재배사 내 철골구조물에 종목 매달기

종목을 매달기 위해서는 먼저 종목에 못을 박아야 한다.

통상 종목 중앙에 못을 박아 구부려 구조물에 매다는 방법을 많이 사용한다.

종목 수가 많지 않다면 직접 못을 쳐서 구부리고 구조물에 매달 수도 있지만, 못을 박는 전동기계가 나와 있으므로 구입하면 한결

수월하게 작업할 수 있다.

못은 구조물의 굵기에 맞춰 적당한 길이의 것을 선택한다.

25mm 쇠파이프에 종목을 매단 모습

상, 하, 좌, 우 적당한 간격으로 종목을 매단다.

위, 아래 간격에 유의

상, 하, 좌, 우 간격에 유의

땅바닥에서 60~70cm 정도 띄워서 매단다.

구조물에 못을 여유 있게 매달아야 종목을 움직이고 들어서 관찰하는 데 편리하다.

근래에는 박힌 못을 파이프에 직접 거는 방법이 보편화되어 가고 있으나 구조물 위에 줄을 치고 그 위에 종목을 두는 방법이나 파이프에 종목을 걸치는 방법, 줄에 종목을 매다는 방법, S자 걸고리를 이용하는 방법 등도 시도되어 왔다.

그러나 버섯이 자라는 면이 구조물에 닿거나 관리하는 데 어려움을 주는 방법들은 피하는 것이 좋다.

종목이 아래, 위로는 25~30cm 정도, 좌우로는 종목의 반지름 이상 떨어지도록 종목을 매단다.

아래, 위로는 구조물을 제작할 때 염두에 두고 만들었으므로 자동으로 공간이 생기겠지만 좌우로는 반지름 이상 떨어지도록 염두에 두고 매달아야 한다.

종목을 매달 때 종목의 균사가 잘 자란 면이 밑으로 향하도록 한다. 이 점은 지면재배와는 다른 점이다. 지면재배는 균사가 잘 자란 면이 위로 향해야 한다.

종목 사이의 공간을 충분히 두지 않을 경우,

종목이 다른 종목을 가려 조도가 맞지 않아 기형의 버섯이 발생하며, 관수를 했을 때 종목에 물이 가지 않는 곳이 발생하고, 버섯이 자란 후에는 서로 달라붙기도 한다.

그리고 관리에 어려움을 겪으며, 특히 여름철 고온기에는 이산화탄소의 발생량이 많아 환기에 어려움을 겪게 되어 여러 병충해에 취약하게 된다.

실제로 재배해 보면 종목 사이의 공간에 여유가 있을 때, 버섯이 이쁜 모양으로 잘 자라며, 색깔도 이쁘고, 우량품종의 버섯을 얻을 수 있다.

⑪ 속배양

속배양이란 종목 속 종균을 활성화하는 작업을 지칭하는 말인데, 정확한 학명이나 명칭은 잘 생각나지 않아, 책에서 사용하는 정식 용어는 아니나 쉽게 생각할 수 있는 표현으로 앞으로 계속 사용하기로 한다.

속배양이란 손질한 종목을 재배사 내에 관수하지 않고 그냥 매달아 두어 적당한 온도에 종목 속 종균이 활성화되어 튼튼한 종목을 만드는 작업이다.

우량 상품의 버섯을 얻기 위해서 반드시 거쳐야 할 단계가 속배양으로 상황버섯재배의 핵심기술이다.

일반적으로 종목을 매단 후 바로 관수하는 경우가 많으나, 실제로 재배해 본 경험은 그렇게 하였을 때 종목의 세력이 약해서 우량버섯을 발생시킬 수 없었을 뿐 아니라 많은 병충해에 시달리게 되었다. 속배양 기간을 거쳐야 튼튼한 종목이 되고 우량버섯을 재배할 수 있었다. 여러 번 시험 재배한 경험으로 반드시 이 과정을 거칠 것을 권한다.

날씨나 온도에 따라 속배양 기간을 달리한다.

매달고 문은 꽉 닫는다. 관수는 하지 않는다.

속배양 기간에는 가능한 온도가 높아야 한다. 그러나 낮 동안 재배사 안 온도가 32~33℃ 이상 올라가면 잠시라도 환기구를 열어 온도를 낮춘다.

속배양 기간은 통상 5~15일 정도 걸린다.

매다는 시기나 날씨, 온도 등에 따라 기간을 달리한다. 온도가 많이 올라가지 않고 흐린 날이 많으면 길게 속배양 하고 햇볕이 나서 더운 날이 많으면 짧게 속배양 한다.

매단 뒤 2~3일이 지나면 종목 아래에 노란 종균이 피어난다.

더운 날씨에 종목 긁는 작업을 했다면 작업 도중에 노랗게 종균이 많이 피어났을 것이다.

조도나 온도가 맞으면 일주일 정도 지나면 두껍게 종균이 피어난다.

가장 두껍게 종균이 피어났다고 생각될 때 관수를 시작한다.

🔔 잘 배양되고 있는 종목은 종균의 색깔이 노란 개나리색으로 보기가 좋으나 간혹 붉은 물방울을 흘리면서 종균의 색깔이 흉한 경우가 있다.

이것은 온도가 높고 환기가 잘 안 되어 생기는 현상으로 즉시 환기를 조절하도록 한다.

온도나 습도는 온, 습도계를 달아두면 재배에 편리하다.

그러나 기계는 고장이 날 수 있으므로 몸으로 온, 습도를 익혀두면 재배사의 여러 조건을 맞추는 데 편리하다.

예를 들어 몸으로 온, 습도를 감지한 그간의 경험을 기술하지만, 자신이 깨닫는 것이 가장 현명한 방법이다.

재배사 내에 들어갔을 때 머리가 뜨거울 정도가 되면 40℃ 가까이 된 것이다.

몸이 후끈하고 좀 답답하면 35℃가 넘는 것이고, 따뜻하면서도 좀 후덥지근한 정도가 되면 30℃ 정도이며 버섯이 잘 자라는 온, 습도가 되는 것이다.

어디까지나 한 가지 예이며, 재배사를 드나들면서 온몸으로 익히는 것이 가장 좋은 방법이다.

🔢 관수

관수란 종목에 물을 주는 것이다.

속배양 후 종균이 종목에 누렇게 배어나고 종목도 누렇게 변해 있을 것이다.

종목이 이렇게 되면 대단히 강한 세력을 유지하고 있고 이제 관수할 때가 된 것이다.

매달린 종목의 아랫부분에 누렇게 종균이 많이 배어 나와 있으면 관수를 시작한다.

공중재배는 종목의 군데군데서도 피어나지만 주로 아랫부분에서 노랗게 종균이 피어나는 것을 볼 수 있다.

지면재배는 종목 군데군데서 노랗게 종균이 피어나며 자라던 버섯의 끝부분도 노랗게 변한다.

바로 이때가 관수를 시작할 시기이다.

처음에는 재배사 내의 모든 것이 말라 있으므로 바닥에 물이 흥건할 정도로 많이 관수한다.

통상 재배사의 조건에 따라 다르지만 1시간 이상 관수한다.

🛎 매년 관수를 시작할 때 처음에 관수노즐을 끼우지 말고 물살이 세게 나가게 잠시 관수해서 녹물이나 찌꺼기를 관에서 모두 빼낸 후 노즐을 끼워서 관수한다.

이튿날 재배사에 들어가 보면 많은 푸른곰팡이가 피어 있다.

이때 피는 푸른곰팡이는 무시해야 한다.

푸른곰팡이를 잡기 위해서 환기를 많이 시키거나 종목을 과도하게 말리거나 하는 일이 없도록 한다.

푸른곰팡이는 종균만 잘 배양되었고 속배양 기간을 잘 거쳤다면 정상적으로 관수하면 서서히 자동으로 없어지므로 걱정하지 않아도 된다.

요점은 종균세력만 강하다면 곰팡이 걱정은 하지 않아도 되며, 곰팡이뿐만 아니라 뒤에서 여러 병충해에 관해 기술할 것이지만 종균세력이 강한 종목은 웬만한 병충해에 걸리지 않으며, 튼튼하고 품질 좋은 버섯이 발생한다.

상황버섯 재배의 핵심기술은 어떻게 강한 종균세력을 만들고 환경을 잘 맞춰 계속 그 세력을 유지해 나갈 것인가 하는 점이다.

종균세력만 강하게 유지해 나간다면 자동으로 우량버섯이 자라며 수확해도 다시 건강한 버섯이 자라 나오게 된다.

푸른곰팡이가 다 죽을 때까지 기다리지 말고 종목이 어느 정도 마르면 다시 관수한다.

종목이 마르는 데는 날씨에 따라 다르지만 통상 하루나 이틀 정도 걸린다.

종목이 좀 마르면 재배사나 날씨에 따라 적당하게 관수한다.

햇볕이 강하다면 하루 20~30분 정도씩 관수를 하는데 오전, 오후, 저녁으로 나눠서 준다.

이런 식으로 몇 번, 자주 적당히 관수하면 곰팡이가 사라지면서 버섯이 두껍게 자라게 된다.

관수 시작부터 결코 종목을 말리는 일이 없도록 하고, 온도가 낮거나, 흐리거나 비가 오면 관수를 중단하거나 적게 할 수는 있으나, 종목이 마르면 하루 한두 번씩 짧게 주되 나무가 축축한 상태를 유지해야 한다.

온도가 어느 정도 올라가면서 후덥지근해야 버섯이 계속 노란 색깔을 유지하면서 잘 자란다.

그리고 관수를 시작할 때부터 온도가 32~33℃ 이상 올라가면 바로 환기시켜 32~33℃ 이상 올라가지 않도록 한다.

싹이 나기 전에는 온도가 조금 높아도 별 무리가 없으나

싹이 나면 30℃ 이상 올리지 말아야 한다.

몇 번 관수하면 종목이 마르고 종균기운이 왕성하게 된다.

나무 여기저기에 종균이 배어 나오고 버섯이 노랗게 형성되어 가는데, 이때부터 대단히 중요한 때이다.

이때부터 세심한 노력을 기울여서 날씨가 맑고 온도가 많이 올라간다면 하루 20~30분 정도씩 적당하게 나눠 관수하면서 30℃ 이상 올리지 말고 종균세력을 계속 강하게 하면서 버섯이 잘 자라도록 최대의 노력을 기울인다.

재배사 안이 좀 축축하더라도 종목이 마르면 계속 관수한다. 축축하고 후덥지근하게 계속 관리하면 버섯이 두껍게 자라면서 곰팡이는 서서히 사라진다.

계속 충분히 관수하며, 온도도 30℃ 정도로 관리한다.

그러나 날씨가 좋지 않아 온도가 떨어지거나 밤에 온도가 떨어지는 것은 그대로 둔다.

🔔 관수시간을 표시해 두지만 어디까지나 영남알프스 상황버섯농장의 조건에 맞는 시간이다. 참고할 수 있도록 시간을 표시해 둔 것뿐이다.

얼마나, 어느 정도의 간격으로 줄 것인지는 재배사의 구조나 관수노즐의 수, 수압, 일조량, 날씨, 지역에 따라 달라지므로 초시계를 가지고 다니면서 관수시간과 양을 재배사에 맞게 터득하여 나가는 것이 좋다.

이 책에 나오는 다른 시간도 참고용으로 지역에 맞게 잘 조정해 나가야 한다. 지역과 특성이 다 다르므로 일률적으로 시간이나 양을 정하는 것은 무리이다.

속배양이 잘 된 종목은 좀 많이 관수해도 지장이 없다.

싹이 나무 밖으로 나온다는 것은 곰팡이가 종균세력에 눌려 죽는다는 것을 의미하며 이때부터 푸른곰팡이는 거의 사라진다.

상황버섯은 고온다습한 조건을 만들어 주어야 생육이 왕성하다.

재배사 내의 상태를 축축하게 관리하며, 관수 후 나무가 좀 마르면 관수한다.

싹이 나와서 말라붙거나 나오던 싹이 잘 안 나오거나 색깔이 고동색으로 바뀌는 것은 온도가 높고, 환기, 관수부족이다.

별로 마르지 않았는데 축축한 상태에서 계속 관수하는 것은 곤란하다. 어느 정도 마르고 난 뒤 관수하도록 한다.

단, 한 가지 예외는 한여름 폭염에는 종목이 축축한 상태에서 다시 관수해도 잘 자란다.

그러나 이때에도 종목이 조금 마르고 난 뒤 관수하는 것이 좋다.

🔔 버섯은 물을 주고 색깔이 별로 보기 좋지 않을 때 제일 잘 자란다.

약간 마른 상태에서 잘 성장한다.

그러므로 종목이 마르면 관수해야 한다.

관수가 부족하면 나온 버섯이 풀칠하듯 나무에 말라붙는다.

재배사가 짧고 차광이 덜되면 온도와 습도를 맞추기가 어렵다.

세심한 주의가 필요하다.

🔔 관수시기 결정

종목이 마르면 관수한다고 생각하면 쉽다.

그러나 재배사 내의 상태가 조금 건조하고 온도가 어느 정도 높아야 한다.

공중재배의 경우는 지면재배보다 관수시간을 짧게, 자주 할 필요가 있다.

공중재배(지상재배)는 속배양 때 종균이 노랗게 많이 나와 있으므로 관수 시작부터는 계속 노란 상태를 유지하게 하는 것이 중요하다. 과다관수는 버섯의 성장을 방해하며, 관수 간격을 너무 길게 하면 자라던 버섯이 말라붙게 되며, 색깔이 고동색이나 진한 고동색,

더 심하면 검은 쪽에 가까운 색으로 변하게 된다.

관수 간격을 적당히 하여 버섯이 계속 노란 상태를 유지하며 성장시키는 것이 중요하다.

잘 성장하는 버섯은 포자층도 잘 형성되어 우량 상품이 될 수 있다.

🏮 포자층

공중재배 버섯은 버섯이 자라는 면에 노란색의 버섯 중간중간에 진한 고동색의 융단 같은 부분으로 버섯을 이리저리 움직여 보면 색깔이 달라져 보이며 여기서 포자가 날라 나오게 된다.

지면재배 버섯은 버섯 아랫부분에 포자층이 형성된다.

포자층이 잘 형성된다는 것은 모든 조건이 잘 맞는다는 증거이다.

공중재배 포자층.
진한 고동색 융단 같은 부분이 포자층으로 잘 형성되어 가는 과정이다.

공중재배 포자층.
버섯 대부분에 포자층이 형성되고 있다. 이런 버섯은 대단히 강한 세력을
유지하고 있다.

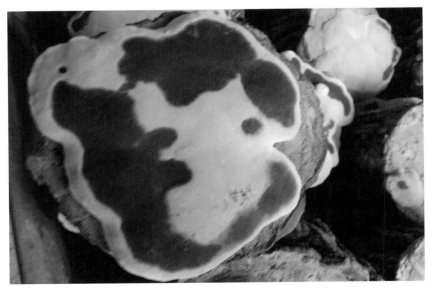

공중재배 포자층.
가장자리로 진한 고동색의 포자층이 보인다.

공중재배 포자층.
버섯이 두껍게 포자층을 형성하며 잘 자라고 있다.

지면재배 포자층.
버섯 아랫부분 전체가 포자층으로 덮여있고 두껍게 잘 자라고 있으며 갓이
잘 형성되고 있다.

지면재배 포자층.
버섯 윗면과 아랫면을 동시에 촬영하였다. 버섯 아랫부분 전체가 포자층으로 덮여있어 대단히 강한 세력을 유지하고 있다.

지면재배 포자층.
버섯 아랫부분 전체가 포자층으로 덮여있다.
이런 버섯은 대단히 강한 세력을 유지하고 있고 여러 조건이 잘 맞는다는 증거이다.

⓭ 공중재배 핵심기술 정리

버섯재배에서 이 시기가 가장 중요한 시기이기 때문에 다시 요점을 강조한다.

❶ 잘 배양된 종목을 완성된 재배사 내에 내려놓는다. 재배사의 앞, 뒷문은 열어 둔다. 직사광선이 쬐지 않는 그늘에 둔다.

❷ 종균껍질을 나무껍질이 상하지 않게 잘 제거한다.

❸ 재배사 내의 쇠파이프나 줄에 아래, 위, 좌우 간격을 적당히 띄워 매단다. 적당히 띄워야 건강하게 잘 자란다.

❹ 문을 꼭 닫아 속배양 기간을 거친다.

도중에 온도가 올라가면 적당히 환기를 시켜 온도를 맞춘다.

❺ 속배양 기간을 거친 뒤 관수를 시작한다.

처음에는 물이 바닥에 흥건할 정도로 관수한다.

이튿날 많은 푸른곰팡이가 피나 무시하고 종목이 어느 정도 '마르면 관수하고, 마르면 관수하고'를 반복하여 종목 전체가 누른 색깔을 띠며 버섯이 두껍게 잘 자라게 한다. 줄 때마다 많이 관수해서 나무 밑 종균이 다 젖도록 한다.

곰팡이가 남아 있더라도 관수하면서 온도를 높이면 곰팡이는 사라진다.

그리고 관수를 시작할 때부터 온도가 32~33℃ 이상 올라가면 바로 환기시켜 32~33℃ 이상 올라가지 않도록 한다.

햇볕이 강하면 매일 종목이 젖도록 관수한다.

종목에 노란 종균이 계속 노란 색깔을 유지하도록 관수에 특히 신경을 쓴다.

조건이 맞아 잘 자라는 버섯.

❻ 이후 여러 조건을 잘 맞추면서 관수를 계속하면 단기간에 걸쳐
   우량품질의 버섯을 얻을 수 있으며, 잘 관리되어 만들어진 튼튼
   한 종목은 여러 해를 두고 계속 수확할 수 있다.

조건을 잘못 맞추어 부실하게 관리된 종목은 버섯을 생산하기는커
녕 당 해에 병충해에 시달리다가 폐목 처리해야 하는 경우가 생길
수 있다.
종목의 색깔도 잘 관리하면 2년째 정도까지는 누른 색깔을 유지하
나 잘못 관리할 경우, 검거나 보기 흉한 색깔을 유지하면서 여러
병충해에 시달린다.

이제 속배양 기간을 거쳐 적당한 관수를 하여 종목 전체가 누른
색깔로 변해 있고 버섯이 노란 색깔을 띠며 잘 자란다면 상황버섯

재배에서 거의 성공한 셈이다.

이제 관리만 잘하고, 특별한 실수만 없다면 여러 해를 두고 우량 품질의 버섯을 계속 수확할 수 있다.

그리고 잘 배양된 종목은 일시적으로 조건을 맞추지 못한다고 해서 죽지 않는다.

죽은 것 같이 보이는 종목도 안에 종균은 살아있어서 여러 달, 심지어 일 년이 지나더라도 관수를 적당히 하면서 조건을 맞추면 다시 싹이 나온다.

🔢 싹틔운 버섯 잘 관리하기

그러면 지금부터는 싹틔운 버섯을 어떻게 잘 관리할 것인지 알아보기로 하자.

다시 강조하지만, 상황버섯 재배의 필수적인 요소, 네 가지

❶ 온도

❷ 습도

❸ 조도(빛의 밝기)

❹ 환기(이산화탄소와 산소의 농도)를 잘 맞추기 위해 어떻게 할 것인가를 늘 염두에 두어야 한다.

이 네 가지 중 어느 한 가지라도 맞지 않으면 증상이 곧 나타나며, 그 증상에 관해 이 책에서는 이유와 대처방법 등을 자세히 알기 쉽게 설명하기로 한다.

먼저 재배의 필수적인 요소, 네 가지를 잘 맞추기 위해서 환경을 조성하는 세 가지 방법을 알아보자. 그 세 가지는

❶ 관수(온도 및 습도와 밀접한 관련)

❷ 차광(온도 및 습도, 조도와 밀접한 관련)

❸ 환기(온도 및 습도, 이산화탄소, 산소의 농도와 밀접한 관련)가 있다.

지금부터 한 가지씩 자세히 알아보자

통상 5월 중, 하순에 종목을 넣어 속배양한 뒤 관수를 하여 버섯을 자라게 하였으므로 지금은 5월 말이나 6월 어느 시점이 되었을 것이다.

지금부터는 상황버섯 재배에서 필수적인 요소 네 가지인

❶ 온도

❷ 습도

❸ 조도(빛의 밝기)

❹ 환기(이산화탄소와 산소의 농도)에 특히 주의를 기울여야 한다.

1년 중 재배에서 가장 주의를 기울여야 할 시기가 6월에서 8월까지이다.

상황버섯은 고온성 버섯으로 30℃ 정도 가까운 온도에서 잘 자라나 온도가 많이 올라간 채로 장시간 끌면 종균이 사멸할 수 있으므로 주의해야 한다.

그러나 낮은 온도에는 별로 신경을 쓰지 않아도 된다.

온도가 20℃ 이하로 떨어지면 성장이 둔화되고 영하로 떨어지면 성장이 멈춘다.

낮은 온도에도 종균이 손상되는 일은 거의 없다.

그러므로 겨울에 영하의 날씨가 되면 환기구를 거의 닫거나 조금의 환기가 되도록 조절하면 된다.

여름철 고온기에 잠시 방심하면 잘 배양된 종목의 세력을 급격히 약화시킬 수 있다.

햇볕이 강하고 온도가 높을 때는 수시로 재배사를 드나들면서 여러 점들을 체크하고 그에 맞게 조절해 준다.

🔔 특히 상황버섯 재배에서 주의를 기울여야 할 시기는 장마가 끝나고 햇볕이 강하게 내리쬐는 때이다. 통상 7월 어느 시점이 되는데 이때는 신속히 차광을 더 많이 하고, 자주 관수하고, 환기에 주의를 기울여야 한다. 자칫 이 시기의 조그마한 부주의는 농사의 성패를 좌우한다.

상황버섯 재배에서 어떤 경우에도 35℃를 넘지 않도록 항상 주의한다.

특별한 상황이 있어서 농장을 비워야 할 경우,

온도를 35℃ 넘기는 것보다 차라리 환기구를 열어두어 온도를 올리지 않는 것이 좋다.

35℃를 넘기는 것은 위험하고 종균을 모두 약하게 하거나 사멸하게 할 수 있다.

재배사 내의 상태가 건조하면서 35℃ 이상 올리면 치명적이다. 게 다가 차광이 덜되면 더 치명적이다.

이제 버섯이 어느 정도 자랐으므로 재배사 내의 밝기에 따라 35% 차광막 덮는 것을 고려하여 조도를 맞추어 준다.

그리고 차광막도 공중재배, 지면재배 모두 천정과 측면의 차광을 달리하여야 한다.
측면으로 빛이 많이 들어 올 수 있도록 천정보다 얇게 덮어야 한다.
공중재배가 더 얇게 덮어야 한다.
앞서 언급하였듯이 천정으로부터 비치는 빛의 조도에 버섯이 잘 자란다면 그 조도에 맞도록 측면의 차광을 조절하는 것이다.

좀 늦게 종목작업을 해서 심고 속배양을 하는데 햇볕이 강하고 온 도가 많이 올라간다면 버섯의 발생과 관계없이 이때라도 환기와 조 도에 주의를 기울여 35% 차광막으로 조도를 조절해 주어야 한다.

5월부터는 잡초가 많이 자라므로 재배사 주위와 재배사 내의 풀과 잡초를 바로 제거하여 차광에 방해가 되지 않도록 조치한다.
단, 재배사 내에 피는 이끼는 습도에 도움이 되므로 그냥 둔다.

조도계를 가지고 다니면서 수시로 조도를 체크한다면 빛의 밝기를 잘 감지하고 차광막을 덮어야 할 시기를 파악하는 데 큰 도움이 된다.
조도계도 전자상사에서 디지털로 된 조도계를 구입한다면 빛의 밝기를 신속하게 몸으로 익히는 데 도움이 된다.

공중재배는 위의 종목에 가려 아래 종목이 빛을 덜 받을 수 있으므로 천정 차광막은 관계없으나 재배사 측면의 차광막을 가리되, 자라는 상태를 보면서 측면의 조도를 잘 조절해 준다.

또한, 버섯이 자라기 시작하면 많은 종목이 재배사 내에 있으므로 이산화탄소의 발생량이 많아진다. 온도가 높으면 더 심하다. 그러므로 이때부터는 환기량을 늘려가고 상태를 살펴 가면서 밤낮 시켜야 할 때도 있을 것이다.
또한, 여름철 고온기에는 환기를 더 많이 시켜 고온으로 인한 피해를 방지해야 한다.

관수도 더 자주 많이 할 필요가 있다.

⑮ 6월에서 8월까지 고온기에 주의할 점

1. 환기를 더 많이 시킨다.

환기의 두 가지 목적은 산소량의 증가와 온도를 떨어뜨리는 것이다. 여름철 고온기에는 이산화탄소의 발생량이 많아 더 많은 산소가 필요하고 온도의 변화가 심하므로 환기에 세심한 주의를 기울여야 한다. 7, 8월 폭염에는 환기구를 많이 열어두어 환기가 부족하지 않게 한다.

🔔 6~8월 어느 시점에 들어 모든 환기구를 다 열었는데도 붉은 물을 흘리는 버섯이 발견되면 더 많은 환기가 필요하다는 의미이다. 환기구를 더 설치하든지 환풍기를 달아 인공적으로 환기를 시켜야 한다.

2. 관수를 더 많이 한다.

버섯의 끝부분(다시 말해서 버섯 자실체의 끝부분)이 계속 노란색깔을 유지하면서 자라도록 노력한다.
관수가 부족하면 노란색에서 고동색으로 바뀌거나 말라붙는다.
그렇게 되지 않도록 관수량을 늘려간다.

🔔 관수시기의 결정은 재배사 내의 상태를 보고 결정한다.
그리고 종목이 어느 정도 말랐는지를 보고 결정하는 것도 한 가지 방법이 될 수 있다.

관수시설을 할 때 타이머를 달아 일정 시간에 적당량의 관수가 되도록 할 수도 있다.
그러나 이 방법은 여름철 고온기에 자주 많이 관수할 경우, 또는 일시적으로 재배사를 떠나 있을 경우, 한시적으로 사용해 볼 수는 있으나 가장 좋은 방법은 재배사를 드나들면서 재배상태를 직접 확인하고 그에 따라 적당량의 관수를 하는 것이 가장 좋은 방법이다.
계절이 아니라 그때, 그때 상황에 잘 대처하여 관수한다.
여름이라도 시원하면 뜸하게 관수하고, 봄이라도 가물고 온도가 많이 오르면 자주 많이 관수한다.

여름철 고온기에 온도, 습도, 조도 등 조건이 맞아 포자층을 형성하며 노랗
게 잘 자라고 있다.

여름철 고온기에 관수, 차광, 환기가 잘 되어 포자층을 형성하며 버섯이 두
껍게 자라고 있다.

3. 차광을 더 시킨다.

차광은 비닐(0.08mm)＋카시미론 솜 8온스 한 겹(지역에 따라 4~8온스 한 겹을 더 덮어 조도를 조절할 수도 있다)＋비닐(0.08mm)＋차광막 75% 1벌에 차광막 35%를 적당히 덧씌운다.

또한 비닐(0.08mm)＋비닐(0.08mm)＋차광막 90~95% 1벌에 차광막 35%를 적당히 덧씌운다(카시미론을 넣지 않는 이 방법은 어느 정도 기술에 자신이 있을 때 시도해 볼 것을 권한다)

앞서 기술하였지만, 측면은 차광막을 적게 덮어 적당한 조도를 맞추어 나가야 한다.

상황버섯 재배에서 필수적인 요소 네 가지
❶ 온도
❷ 습도
❸ 조도(빛의 밝기)
❹ 환기(이산화탄소와 산소의 농도) 중 어느 것이라도 맞지 않으면 증상이 나타나는데 그 증상을 잘 파악하고 그에 맞는 대처방법을 익혀 나가야 한다.

단지 몇 가지만 예를 들자면
버섯의 색깔이 노랗지 못하고 시들하면 고온이거나 환기 부족이다.
버섯이 고동색으로 바뀌거나 잘 자라지 못하고 말라붙으면 조도가 맞지 않거나 관수 부족이다.

또한, 과다 관수 때는 잡버섯이 피거나 곰팡이가 핀다.

버섯이 붉은 물을 흘리거나 맺혀 있으면 고온 및 환기 부족이다.

또한, 고온으로 관리할 때 버섯이 외형적으로는 잘 성장하나 포자층이 형성되지 않거나 무게가 나가지 않게 된다.

때로는 이상기온으로 늦은 봄에도 폭염이 올 수 있으며, 한여름에도 저온 현상이 발생할 수 있다.

그러므로 이런 환경의 변화에 신속히 대응하여 재배의 필수적인 요소 4가지를 조절해 나간다.

이제까지 한여름 고온기에 재배하는 방법을 살펴보았다.

요약하자면 한여름 고온기에는 가능하면 재배사를 자주 드나들면서 다음의 조건을 맞추기 위해 노력한다.

❶ 환기를 많이 한다.

❷ 관수를 많이 자주 한다.

❸ 조도를 맞추기 위해 차광막을 더 덮는다.

이 세 가지 정도를 들 수 있는데 다른 주의할 점들로는 여름철에는 잡초가 신속하게 자라 재배사를 가려 조도나 환기에 영향을 줄 수 있으므로 잡초를 자주 제거해 준다.

또한, 벌레나 해충이 왕성하게 활동할 때이므로 자주 재배사를 드나들면서 벌레나 해충의 피해를 입지 않도록 잘 관리하기 위해 노력한다.

🔔 벌레나 해충의 종류와 방제법에 대해서는 뒤에서 자세히 설명하기로 한다.

이제 8월 중순이 지나면 날씨가 선선해지면서 여러 조건을 달리해 줄 때가 되었다.
가을철 재배법에 대해서 지금부터 살펴보자.

16 가을철 재배법

1. 관수

8월 중순이 지나면 점차 관수량과 횟수를 줄여간다.
9월 들면 관수량을 많이 줄여간다.
9월 초, 중순까지는 대략 하루 몇 번 짧게 종목이 젖을 정도로 관수한다.
예를 들면 초순에는 10~20분 정도 1번 주거나 오전, 오후로 나눠주든지 한다. 중, 하순으로 가면서 5~15분 정도로 줄여간다.

🔔 뽕나무 린테우스 종을 재배한다면 9월 초순부터 관수를 많이 줄이든지, 환기를 많이 시켜야 흰곰팡이가 피지 않는다.
바우미 종과 같은 양의 관수와 환기를 시키면 흰곰팡이가 핀다.
린테우스 종이란 상황버섯의 한 품종을 가리킨다.

10월 들면 관수량을 더 줄여간다.

11월 초, 중순 경 첫얼음이 얼면 관수를 중단한다.

관수를 중단한 후에는 이듬해 2월 말까지 천정 환기구를 몇 개씩 열어 월동한다. 측면 환기창은 버섯의 상태를 살피면서 개폐를 결정한다.

2. 조도(빛의 밝기)

가을이 되면 햇볕의 세기가 약해졌으므로 조도를 조절해 줄 때가 되었다.

통상 날씨나 햇볕의 강도에 따라 8월 중, 하순경부터 10월 초순경에 35% 차광막을 적당히 벗겨가면서 조도를 조절해 나간다.

가을 수확이 끝난 뒤 11월 초, 중순경부터 비닐(0.08mm)＋카시미론 솜 8온스 한 겹(지역에 따라 4~8온스 한 겹을 더 덮어 조도를 조절할 수도 있다)＋비닐(0.08mm)＋차광막 75% 1벌

또는 비닐(0.08mm)＋비닐(0.08mm)＋차광막 90~95% 1벌로 겨울을 지낼 수도 있는데 햇빛의 강도에 따라 35% 차광막으로 조도를 조절할 수 있다.

🏔 일반적으로 공중재배(지상재배)는 지면재배와는 달리 종목이 여러 단으로 설치되어 있으므로 천정과 측면의 차광을 달리해서 조도를 맞춰주어야 우량품질의 버섯을 얻을 수 있다.

쉽게 말해서 천정으로부터 비치는 빛의 조도에 버섯이 잘 자란다

면 그 조도에 맞도록 측면의 차광을 조절하는 것이다.

3. 환기

8월 중순 경부터 환기량을 줄인다.

🔔 단, 이 날짜는 경북 청도 지방에서 재배한 경험적인 날짜로 참고용이므로 각 지역의 특성에 맞춰 날짜를 조정해야 할 것이다. 이 책에 나오는 다른 날짜나 관수, 환기 등의 시간도 단지 참고용으로 스스로 지역에 맞게 조정해 나가야 한다.

여름이라도 장마가 지거나 온도가 떨어지면 환기구를 적당히 닫아 온도를 보존한다. 그러나 붉은 물방울이 버섯에 맺히면 즉시 환기를 시킨다.
8월 중, 하순 어느 시점부터 환기량을 서서히 줄여간다.
9월, 10월 들면 환기량을 더 줄여간다.

가을 들면 여름 못지않게 환기에 주의를 기울여야 한다. 적당한 환기가 되고, 일교차를 크게 해 주어야 포자층이 진하고 버섯이 단단해진다.
10월 들어서도 환기는 적당히 되도록 한다.
11월 들면 버섯 수확은 마쳤으나 환기구는 다 닫지 말고 몇 개씩 열어둔다.
물이 얼 지경이 되면 환기구를 몇 개씩 열고 겨울을 지낸다.
몹시 추워서 재배사 내의 온도가 영하로 떨어질 경우가 되면 환기

구를 모두 닫는다. 정상적인 겨울 날씨면 환기구를 몇 개씩 열어
둔다.

🐚 겨울철에도 눈이나 비가 와서 습도가 높은 날씨가 지속되면 환
기구를 몇 개씩 열어 환기를 시킨다.

이렇게 이듬해 봄까지 겨울철 관리를 한다. 대략 2월 말까지 이렇
게 지낸다. 간혹 겨울철에 종균세력이 약한 종목은 흰곰팡이가 필
수 있다.
상태에 따라 재배사 밖으로 들어낸다.

🔟 수확

1. 수확 시기

상황버섯 수확은 연중 어느 때에든지 할 수 있으나 대개 가을에
수확하고, 지면재배 방식은 2년 차가 될 때부터 수확하고, 공중재
배 방식은 1년 차부터 수확하며, 1년에 두 번 할 수도 있다.
그러나 상황버섯 농사에서 아마 가장 마음에 갈등이 생기는 부분이
수확 시기일 것이다.
'가을이 되면 그냥 수확하면 되지'라고 생각하기 쉽지만 직접 농사
를 지어보면 그렇지 않다.

가을에 일교차를 크게 해 주면 포자층이 진하게 형성되고 단단해져 무게가
많이 나가게 된다.

가을이 되어 적당한 환기와 차광, 관수를 하면 포자층이 진하게 형성되며,
단단해지고 버섯이 두꺼워져 무게가 많이 나가게 된다.

10월에 접어들면 며칠에 한 번씩 관수를 해도 버섯이 잘 자라고 색깔도 상당히 이쁘다.

또한, 10월에는 일교차가 크기 때문에 포자층이 진하고 버섯이 단단해진다.

그러므로 무게가 많이 나가게 버섯 속이 영그는 것도 대개 9월 중, 하순경에서 첫얼음이 어는 11월 초, 중순경까지이다.

다시 말해서 9월 중순경까지는 버섯이 외형적으로 자라는 시기였다면 이제부터는 속이 차서 무게가 나가게 되는 시기인 것이다.

그래서 이론상으로는 11월 중순 이후에 버섯을 수확하는 것이 가장 많이 수확하는 것으로 생각하기 쉽다.

실제로 그때 수확하면 가장 많은 양을 수확할 수는 있다.

그러나 여기에는 여러 가지 고려해야 할 요소가 있다.

먼저 성장이 멈추는 시기인 11월 중순 정도가 되면 버섯의 색깔이 노란색에서 고동색으로 바뀌어 이쁘지 않다.

또한, 날씨가 추워져 작업이 만만치 않다.

관수를 거의 하지 않은 상태이므로 버섯이 많이 말라 나무에서 떼어내거나 손질하기가 쉽지 않다.

그리고 10월 중순경까지 물기를 머금고 있어 나무에서 버섯만 잘 떨어져 나왔으나 나무와 같이 떨어지는 경우가 많다.

그러므로 영리나 다수확을 생각한다면 성장이 멈춘 11월 초, 중순경이 수확의 적기라고 생각되지만,

앞서 말한 여러 가지 요소를 고려할 때 수확의 적기는 10월 초, 중순경이었다.

물론 지역이나 날씨에 따라 다르겠지만 10월에는 버섯 수확을 마치는 것이 합리적이라 생각된다.

🪨 영남알프스 상황버섯농장에서는 지금까지도 매년 수확 시기를 달리하면서 고민하는 것이 사실이다.

그러나 최근에는 인부를 구하기가 쉽지 않아 인부들의 일정에 맞춰 작업해야 하는 어려움도 있다.

🪨 공중재배는 잘 재배한다면 일 년에 두 번 수확할 수 있다.

2. 수확하는 도구

공중재배는 버섯이 종목 아래에 달리고 수확하는 면이 평평하므로 칼날의 끝이 평평하고 넓은 도구로 수확하면 한결 편하고 힘이 적게 든다.

끌로 수확하거나 끌을 망치로 쳐서 수확할 수 있다.

또한, 공구상에 가면 스크래퍼라고 부르는 도구가 있다.

건축 인부들이 사용하는 도구인데 건물 외벽이나 평평한 곳에 붙은 이물질을 제거하는 데 사용한다.

스크래퍼의 가장자리를 그라인더로 날카롭게 갈아 수확하면 쉽게 수확할 수 있다.

스크래퍼는 자루의 길이가 다양하게 있어서 짧은 것은 적은 양을 수확하면서 정교한 작업이 요구될 때 사용하고 자루가 긴 것은 많은 작업을 할 때 사용하면 편리하다.

또한, 자루가 나무로 된 평평하고 넓은 삽과 같은 도구를 그라인드로 칼과 같이 날카롭게 갈면 편한 도구가 된다.
이렇게 갈아 만든 삽과 같은 도구는 많은 작업을 해도 별로 힘이 들지 않고 손목에도 무리가 가지 않아 아주 편리한 도구이다.

주의할 점은 자루가 짧은 칼이나 스크래퍼와 같은 도구를 사용하면 조금의 버섯은 쉽게 수확할 수는 있으나 많이 수확하다 보면 손목과 관절에 무리가 가므로 피하는 것이 좋다.

그리고 날이 일직선인 긴 작두를 사용하여 버섯을 나무에서 썰 듯이 수확할 수도 있다.

최근에는 공구상에서 콤프레샤에 연결하여 사용하는 전동 끌을 구입할 수 있으므로 별로 힘을 들이지 않고 한결 쉽게 수확할 수 있다.

3. 수확하는 방법

공중재배는 버섯이 공중에 달려 있으므로 달린 채로 버섯을 수확하면 종목이 움직여 수확이 쉽지 않다.
그리고 안전사고의 위험도 높다.
그러므로 반드시 종목을 땅바닥에 내려놓고 비닐과 같은 자리를 편 위에서 종목을 옆으로 눕혀 도구를 사용하여 버섯을 수확하면 쉽게 수확할 수 있다.

주의할 점은 종목을 한쪽 발로 꽉 밟아 움직이지 않게 하고 도구를 서서히 넣어 옆으로 움직이면 버섯만 쉽게 떨어져 나온다.
바닥이 평평하지 않거나 돌과 같이 울퉁불퉁한 곳에 종목을 두고 수확하다 보면 발이 미끄러져 안전사고의 위험이 높다.

전동 끌을 사용한다면 작업대의 높이를 적당하게 하여 의자에 앉아서 한쪽 손으로 나무를 꽉 잡고 서서히 버섯을 따내면 된다.

4. 수확한 버섯 건조하기

소량의 버섯을 수확하였다면 그물망이나 대나무 소쿠리 같은 곳에 담아 통풍이 잘되는 그늘진 곳에서 7~15일 정도 두면 건조된다.
많은 양이라면 건조기를 사용하여 40~50℃ 정도로 5~10시간 정도 건조하면 된다.
건조한 버섯은 통풍이 잘되고 그늘진 곳에서 여러 해 보관이 가능하다.

수확 후 건조기의 버섯

수확 후 건조하여 저장한 버섯

수확 후의 폐목

🔟 겨울철 관리

11월 초, 중순경 첫얼음이 얼면 관수를 중단한다.

관수 중단 후 물탱크의 물을 모두 빼내고 청소한 다음 말린다.

관정과 모터 옆에 달린 필터들을 빼서 청소한다.

배수 밸브는 모두 열고 배수 노즐이나 모터 노즐로 물을 모두 뺀
다음, 모터나 관수 파이프 내에 물이 남아 있지 않도록 한다.

관수 파이프나 모터에 물이 남아 있으면, 이듬해 관수를 시작할
때 여기저기서 물이 터져 나와 어려움을 겪는다.

관수 파이프에 물이 남아 있을 만한 부분은 들어서 물을 빼고 그
렇지 못할 경우, 배수 밸브를 달아 물을 빼낸다.

특히 노출된 지상 모터의 경우 배수 밸브가 있으므로 꼭 확인해서 모터 내에 겨우내 물이 남아 있지 않도록 한다. 모터의 배수 밸브는 통상 위, 아래 두 개이므로 주의해서 열어 물을 배수한다. 만일 물을 빼지 않으면 겨울에 모터가 얼어서 터지거나 갈라진다. 부득이 물이 들어 있어야 하는 관수파이프는 보온재로 충분히 얼지 않도록 보온한다.

관수노즐을 모두 빼서 청소하여 잘 말려 비닐에 싸서 따뜻한 곳에 보관하고 환기구는 몇 개씩 열어두고 겨울을 지낸다.

🏮 관수노즐을 청소할 때 콤프레샤로 불어보면 잘 돌지 않는 것이 있다. 이물질이 낀 것이다. 바늘로 이물질을 제거한다.

정상적인 겨울 날씨면 환기구를 몇 개씩 열어두어 월동한다.
한겨울에 물이 얼어 몹시 추울 경우, 재배사 내의 온도가 영하로 떨어지면 환기구를 모두 닫는다. 겨울철에도 눈이나 비가 와서 습기가 많은 날씨가 지속되면 환기구를 몇 개씩 열어 환기를 시킨다.

상황버섯은 관리만 잘하면 원목의 수명이 다할 때까지 계속 자랄 수 있으며, 버섯을 수확할 수 있다. 동절기에는 정지되었다가 이듬해 봄 4월경부터 다시 자라며 이때 색깔은 자라나오는 부분은 노란색으로 자라며 지난해 자란 부분은 점차 진한 고동색으로 변해 간다. 동절기에는 건조하고 기온이 떨어진 상태로 두는 것이 이듬해 버섯이 잘 성장하는 데 도움이 된다.

⑲ 원목공중재배 기존 재배하던 버섯 관리하기

지금까지 새로 재배사를 짓고 종목을 배양하여 싹을 틔우고 관리하여 수확하는 방법까지 알아보았다.

그러면 원목공중재배에서 작년이나 그 전해에 싹을 틔워서 재배해 왔던 재배사를 어떻게 관리할 것인지 알아보기로 하자.

원목공중재배는 종목을 잘 배양하여 우량종목으로 관리한다면 여러 해를 두고 수확할 수 있다. 이제까지 나무를 베어 종목을 배양하고 배양한 종목을 매달고 속배양하고 관리하는 방법을 알아보았는데 기존 재배하던 종목도 속배양이 필요하다.

그러나 방법은 좀 다른데 지금부터 알아보자.

❶ 먼저 지난겨울에 환기구를 몇 개씩 열어두었다.

2월 말까지 그렇게 지내다가 3월이 되면 모든 환기구를 다 닫는다.

대략 4월 초, 중순에 관수를 시작할 때까지 재배사 내의 온도를 올려 종목 속의 종균을 활성화시킨다.

❷ 배양한 종목은 매달고 5~15일을 지냈지만 재배해 왔던 종목은 환기구를 모두 닫고 한 달 이상 지낸다.

🦪 대단히 중요한 내용이므로 이 과정을 꼭 거칠 것을 권한다. 새로 매다는 종목이 속배양을 거쳐야 우량종목이 되듯이 재배해 왔던 종목은 이 과정을 거쳐야 튼튼한 버섯을 계속 생산할 수 있다. 이 과정을 거치지 않고 4월 초, 중순 경, 환기구를 닫고 바로 관

수를 하면 종목의 약화를 초래하여 여러 병충해에 시달리게 되기 쉽다.

이제 지역이나 날씨에 따라 4월 초, 중순경이 되면 관수를 하지 않아도 종목에 노란 버섯이 자라나는 것을 볼 수 있다. 그러면 관수를 시작할 시기가 되었다는 신호를 보내는 것이다. 처음 관수할 때는 재배사 내의 상태가 많이 건조한 상태이므로 1시간 이상 재배사의 바닥에 흥건히 물이 흘러내릴 정도로 많이 관수한다.

관수시기가 됨
버섯을 가만히 두어도 노랗게 자라면 관수시기가 된 것이다.

관수시기가 됨
가만히 두어도 가장자리가 노랗게 자란다.

관수를 시작하여 버섯이 노랗게 잘 자라고 있다.

관수, 차광, 환기를 잘 조절하여 포자층을 형성하며 버섯이 잘 자라도록 관
리한다.

1~2일이 지나면 재배사 내의 상태가 건조해지고 종목이 마른다.
그러면 다시 종목이 축축할 정도로 관수한다. 이제 날씨나 온도에
따라 1~2일, 또는 햇볕이 강하다면 매일 10~30분 정도를 하루에
한 번이나 종목이 마르지 않도록 적당한 때에 나누어 관수한다.
이후의 재배법은 새로 종목을 심어 싹을 틔워 재배하는 방법과 동
일하다.

8장 원목지면재배

■ 종목 만드는 방법

먼저 상황버섯을 재배하기 위해서는 종목이 있어야 한다. 종목이란 버섯 종균이 배양된 나무를 가리킨다. 이 종목을 매달거나 심어서 물을 주면 버섯이 자라 나오게 된다.

그러면 잘 배양된 종목을 만드는 방법부터 알아보자

종목을 만들기 위해서는 다음의 6가지 단계를 거쳐야 한다.

1. 원목의 선택

활엽수 수종이면 대체로 원목으로 사용할 수 있으나 대부분의 농가에서는 참나무를 많이 사용한다.

2. 원목의 벌목 및 건조

벌목은 나무의 수액이 정지되고 양분축적이 제일 많은 겨울철에 벌목하는 것이 좋으며, 벌채한 원목은 120~160cm 정도로 절단하여 직사광선이 닿지 않는 곳에 바람이 잘 통하도록 쌓아 건조시킨다.

3. 단목자르기

원목의 직경이 15cm 정도인 것을 20cm 정도로 자른다.

직경이 조금 더 가늘거나 굵어도 관계없다.

🔔 원목을 길게 잘랐을 경우 버섯발생량은 많으나 종균배양이 나무 끝까지 되지 않아 불량종목이 될 우려가 있다.

4. 원목의 살균

살균방법에는 고압살균과 상압살균 두 가지 방법이 있다.

5. 종균접종

살균한 원목을 무균실에서 잡균이 오염되지 않게 우량 종균만 접종한다.

6. 원목배양

접종이 완료된 원목은 배양실에서 3~4개월 정도 배양하게 된다.

지금까지 종목 만드는 방법을 간략히 알아보았다.

🔔 잘 배양된 종목을 구별하는 방법은 비닐 내에 든 종목에 종균이 골고루 퍼져 노란 색깔을 한 종균껍질이 종목을 두껍게 전체를 둘러싸고 있는 경우이다.
종목에 종균껍질이 많이 붙어 있지 않거나 나무가 그대로 보이는 부분이 많거나 푸른곰팡이가 피어 있다면 잘 배양된 종목이 아니다.

종목 만드는 방법은 어느 정도의 기술이 필요하므로 간단하게 설명하였다. 직접 만드는 기술을 익힐 때까지, 처음에는 종목을 만드는 농가나 업체에서 구매하는 것이 편하고 경제적인 방법이다.

잘 배양되고 있는 종목

잘 배양된 종목, 종균껍질이 종목 전체를 두껍게 둘러싸고 있다.

노랗게 잘 배양된 종목, 대단히 강한 세력을 유지하고 있다.

종목 아랫부분까지 종균이 두껍게 잘 배양되어 있다.

❷ 재배사 지을 장소 고르기

배수가 좋고 주변에 오염원이 없으며 햇볕이 잘 드는 곳이 좋다.
주변의 땅보다 낮으면 배수에 문제가 되므로 주변보다 최소한
30~40cm 정도 높일 것을 권한다.
낮다면 땅을 돋우는 것이 좋다.
지면재배는 종목을 직접 땅에 심어 재배하는 것이므로 배수에 더
주의를 기울여야 하며 배수가 잘되는 땅을 찾는 것이 중요하며,
어쩔 수 없이 배수가 잘되지 않는 땅이라면 모래나 마사토를 두껍
게 깔아 배수가 잘되게 해야 한다.

또한, 재배사 주변에 폭 30~40cm 정도, 깊이 20~30cm 정도로
배수로를 만들어 두면 재배에 큰 도움이 된다.
배수가 잘될 뿐 아니라 태풍이나 장마, 또는 갑작스러운 폭우로
인한 침수피해를 줄일 수 있기 때문이다.
잘 배수되는 재배사를 짓는 것은 우량버섯을 생산하는 데 필수요
건이다.
관수한 물이 원활하게 잘 배수되어야 곰팡이나 잡균의 발생이 적
으며, 재배사 내의 상태가 청결하게 유지될 수 있다.

다시 강조하지만 지면재배는 종목을 직접 땅에 심는 것이므로 배
수가 특히 중요하다.
배수가 잘 안 되는 곳의 종목은 종균이 피어나기는커녕 나무를 뽑
아보면 물이 고여 있어 나무가 시커멓게 썩고 있으며 종균이 잘
활성화되지 않는다.

또한, 곰팡이를 비롯한 병충해에 시달리며 나약한 종목이 되어 우량버섯을 생산하기 어렵다.

반면 배수가 잘되고 통풍이 좋은 땅은 종목의 균이 노랗게 잘 피어나며 대단히 우량품종의 버섯을 다년간 수확할 수 있다.

그러므로 가능한 한 깨끗한 마사토로 두껍게 깔아야 종균이 쉽게 자랄 수 있다.

또한, 재배사를 지을 때 철골 구조물을 세워야 하므로 바위나 돌이 많은 곳은 피한다. 그리고 수도나 전기시설이 가능한 곳이어야 한다. 그러나 한, 두 동을 소규모로 재배한다면 수도나 전기시설 없이도 가능하다.

수도나 전기시설은 모터를 돌려 관수하거나 관정의 물을 퍼 올리기 위한 것인데 이 시설이 없는 산속이나 외진 곳이라면 깨끗한 물을 분무기에 담아 등에 메고 손으로 압력을 가하여 적당량 분사하면 된다.

다른 계절에는 별 어려움이 없으나 한여름에는 많은 관수가 필요하므로 노력이 필요하다.

수도시설이 되어있다면 수도꼭지에 호스를 연결하여 분무기를 달아 분무하는 것도 한 가지 방법이 될 수 있다.

💡 실제로 과거 처음 재배를 시작했을 때 수도나 전기시설이 되기 전에 농장 앞의 계곡물로 잠시 재배한 적이 있었다. 등에 물통을 메고 다니며 손으로 물을 분사하는 분무기로 잘 재배할 수 있었다. 그러나 시냇물이나 계곡물은 아무리 깨끗하더라도 지표면을 흐르는 물은 오염될 수 있으므로 가능하면 깨끗한 지하수를 사용

할 것을 권한다.

먼저 땅을 평평하게 고른 다음, 마사토나 물빠짐이 좋은 모래를 30cm 정도 두께로 덮은 다음, 재배사를 지을 장소를 실로 표시한다.
재배사의 면적은 여러 조건을 고려하여 120m²(약 36평)~300m²(약 90평) 정도면 무난하나, 더 넓거나 좁아도 기술만 있다면 큰 문제가 되지 않는다. 폭은 5~7m, 길이는 20~50m 정도, 높이는 중앙 가장 높은 곳이 3~3.5m 정도가 무난하나 폭이나 길이, 높이는 더 넓거나 길거나 높거나 낮아도 그에 맞춰 시설하고 재배하면 별 무리가 없다.

앞, 뒷문은 사람이 손수레를 끌고 다닐 정도의 크기 이상이어야 하고, 출입이 편리한 쪽의 문은 소형 트랙터가 드나들 정도의 크기면 좋다.
재배사 사이의 간격은 소홀히 하고 붙여 짓기 쉬운데 앞 재배사에 가려 뒷 재배사에 빛이 도달하지 못하며, 결국 측면 하단부는 차광막을 여러 겹 설치한 경우가 되어 조도가 맞지 않아 기형의 버섯이 자라게 되며, 종목의 약화를 가져와 여러 병충해에 시달리게 된다.
또한, 차광막이나 비닐을 설치할 경우나 제거할 때 어려움을 겪을 수 있으므로 재배사 사이의 간격은 가능하면 1m 정도로 띄울 것을 권한다.

❸ 재배사 골조 설치

먼저 가는 쇠파이프(굵기 25~30mm 정도)를 이용하여 둥글게 50~
70cm 간격으로 골조를 세운다. 땅바닥에 40~50cm 정도 박아 단단
히 고정한다.

🔔 쇠파이프의 간격이 더 넓으면 재배사가 약해 폭설이나 습설(봄
이 다 되어 내리는 물기를 가득 머금은 눈) 태풍으로 인한 피해를
입기 쉬우므로 파이프의 간격을 좁혀 튼튼히 지을 것을 권한다.

쇠파이프(굵기 50mm 정도) 3~4개와 가는 파이프(굵기 25~30mm
정도)를 사용하여 둥글게 세운 파이프들을 길게 연결한다.

🔔 둥글게 세우는 25~30mm 쇠파이프를 구부릴 때 공중재배는
1m 80cm 정도 높이에서 구부렸으나 지면재배는 그보다는 조금
낮게 구부려도 관계없으나, 같은 높이에서 구부리면 트랙터를 운
전하기에 편하다.
쇠파이프 밴딩 업체에 하우스 구조만 잘 설명하면 길이는 알아서
밴딩해서 파이프들을 배달해 준다.
직접 하우스를 건축할 수도 있고 업체에 맡길 수도 있다.

비닐과 차광막, 카시미론 솜을 고정할 수 있도록 사철을 끼울 수
있는 패드를 바닥에서 30~40cm 정도, 80~120cm 정도 두 개를
재배사 전체를 돌아가며 고정해 둔다.

골조가 잘 설치된 모습을 볼 수 있다.
재배사 중앙의 여러 지지대는 마사 작업으로 일시적으로 치웠다.

재배사 앞, 뒷면은 가는 파이프와 굵은 파이프를 사용하여 문을
만들고 문 옆으로 파이프를 연결하여 마무리한다.

문은 차광막과 카시미론, 비닐을 사용하여 옆으로 여닫을 수 있도
록 크게 만들고 방충망을 같이 설치해 둔다.

폭설이나 습설, 태풍에 대비하여 재배사 중간 중간에 4~5m 간격
으로 지지대(굵기 50mm 정도의 쇠파이프)를 세워 막사 천정의 굵
은 쇠파이프를 지지해 주면 좋다.

앞, 뒷문은 쇠파이프를 사용하여 크게 만든다.

재배사 내의 중앙에 폭이 최소 1m 정도의 통로를 만들어 인부들이 다니면서 일할 공간을 충분히 확보해야 한다. 손수레를 끌고 다니면서 작업할 공간을 만들면 작업이 한결 수월하다. 소형농기계가 다닐 수 있는 정도의 폭이면 더욱 좋다. 앞으로 어떤 전동식 농기계가 나올지 모르므로 여유 있게 폭을 잡는 것이 좋다.

한 가지 주의할 점은 중앙 지지대와 통로가 맞물려 통행에 방해가 될 수 있으므로 종목을 심을 때 통로를 피해서 심는다.

재배사의 기울기 또한 중요한데 폭설이나 통상 봄이 거의 다 되어 내리는 습설(물기를 가득 머금은 눈)의 피해를 줄이는 데 도움이 되기 때문이다. 특히 봄이 다 되어 내리는 습설은 무게가 대단하므로 많은 농가가 습설로 인해 재배사가 무너져 피해를 보는 경우가 많다. 재배사를 지을 때 중앙에 지지대를 많이 받쳐 습설로 인한 피해를 예방하도록 한다. 또한, 재배사 중앙에 지지대를 받치는 것에 더하여 여분의 지지대를 준비해 두는 것도 피해를 막는 한 가지 방법이다.

재배사 천정 양쪽에 지름 40~50mm 정도의 관수 파이프를 길게 설치한다. 수압이 약하다면 중앙에도 관수파이프를 설치할 수 있다. 이 관수파이프에 약 1~1.5m 정도의 간격으로 관수노즐을 설치한다. 물론 재배사의 넓이나 수압의 세기에 따라 파이프의 수나 노즐 간격이 달라질 수 있다.

🏯 관수파이프나 노즐의 종류도 여러 가지가 있으므로 튼튼하고

오래 사용할 수 있는 것으로 농자재 상사에서 구입한다. 특히 재배사 외부로 노출되는 관수파이프는 오래 사용할 수 있는 제품으로 구입하고, 관수노즐은 안개처럼 물을 작은 입자 방식으로 분사할 수 있는 것으로 구입하면 좋다.

이제 재배사의 골조는 완성되었다.

4 재배사 내에 마사 채우기

골조가 완성되었으면 배수가 잘되는 깨끗한 마사토를 채워야 한다. 한, 두동을 소규모로 재배한다면 손수레로 직접 마사를 넣어 재배할 수 있다. 그러나 많은 동을 대규모로 재배한다면 트랙터와 같은 농기계를 사용하면 편하게 작업할 수 있다.
지면재배는 땅에 직접 심으므로 산에서 채취한 굵고 깨끗한 마사를 넣으면 재배가 쉽다.
가는 마사나 모래보다 굵은 마사가 좋다. 망치로 깰 정도의 굵은 마사가 섞여 있어도 좋다. 가능한 한 25~30cm 정도로 두껍게 채워야 종균이 두껍게 형성되며 버섯이 잘 발생된다.

과거 공기가 잘 통하지 않는 가는 마사나 모래로 시험 재배해 보았으나 굵은 마사토보다 여러 면에서 재배가 못하였다.

🏮 참고로 과거 마사토를 직접 넣은 예를 기록해 둠으로 마사토 필요량을 계산할 수 있게 하였다.

• 5월 1일

7동(폭 6m×길이 34m), 11동(폭 6m×길이 23m) 두 동에 기존 있던 마사를 적당히 긁어내고 25톤 3대로 채움.

• 5월 6일

8동(폭 6m×길이 20m), 9동(폭 6m×길이 20m)

25톤 마사 2대 넣으니까 부족했고, 25톤 3대가 필요했다.

1m에 약 2톤가량의 마사가 필요했다.

5동(폭 5.5m×길이 39m)은 80톤 정도 필요(25톤 3대)

결론은 폭이 6m 되는 재배사라면 길이 1m에 2톤 가까운 마사토가 필요하다.

트랙터로 마사토를 걷어내고 채우는 작업을 하고 있다.

5 재배사 골조 위에 비닐 및 차광막 설치

원목지면재배의 재배사는 비닐하우스를 지어 차광막을 씌워 재배하는 방식이 보편적으로 사용되고 있다.
손으로 직접 비닐과 카시미론, 차광막을 씌우거나 벗길 수도 있으며 햇볕의 강도에 따라 차광막을 씌우거나 벗겨 조도를 조절할 수도 있다.

또한, 시기나 햇볕의 강도, 온도에 맞춰 조도조절을 하도록 시설할 수도 있는데, 장점은 시설 후 조도조절이 쉬우므로 우량품종의 버섯을 다수확 할 수 있다는 점이다.
그렇게 시설하는 간단한 방법을 지금부터 알아보자.

비닐과 차광막을 덮는 방법은
쇠파이프 골조 위에 비닐(0.08mm)＋카시미론 솜 8온스 한 겹(지역에 따라 4~8온스 한 겹을 더 덮어 조도를 조절할 수도 있다) ＋비닐(0.08mm)＋차광막 75% 1벌＋차광막 35% 2벌을 덮는다.

비닐, 차광막, 카시미론을 골조에 고정하는 방법은 골조에 미리 설치해 둔 패드에 사철을 끼우는 방법이 많이 사용된다.
또한, 패드에 끼우는 대신 골조 밑부분에 줄로 군데군데 매어 고정하고 차광막 윗부분에 줄을 치는 방법이 있다.
이 방법은 재배사가 길고 많은 동이 있을 때 주로 사용하는 방법이고 짧은 재배사는 사철을 끼워서 고정하는 방법을 많이 사용한다. 편한 방법을 선택해서 고정하면 된다.

위의 경우에 차광막 75% 1벌은 고정하고 35% 2벌은 골조에 고정하지 않고 개폐할 수 있도록 시설한다.

개폐할 수 있도록 시설하는 방법은 안쪽에 비닐, 카시미론, 차광막을 덮고 고정하고 천정 환기구까지 설치한 뒤, 차광막 35% 두 벌을 설치하기 위해 환기구 좌, 우측에 차광막을 사철로 고정할 수 있는 패드를 재배사 길이로 고정하고 차광막 두 벌을 패드에 고정한 다음, 바닥까지 내려온 차광막을 좌, 우측에 두 개씩 총 네 개의 쇠파이프에 따로 감고 고정한다.

2벌을 체인 개폐기에 좌, 우측 2개씩 총 4개를 쇠파이프와 연결하여 차광막을 천정부까지 말아 올리고 내려 조도를 조절하도록 시설한다.

이렇게 차광막 두 벌을 개폐할 수 있도록 시설해 두면 계절과 관계없이 햇볕의 강도나 날씨에 따라 바로 조도를 조절할 수 있으므로 우량 품종의 버섯을 다수확 할 수 있다.
모터를 장착하여 자동으로 개폐할 수도 있다.
물론, 손으로 직접 개폐작업을 할 수도 있다.

🏺 수동개폐기도 체인으로 된 것과 손잡이로 된 것이 있는데 체인으로 된 것이 바닥에서 천정부까지 말아 올리고 내리는 데 적합하다. 최근에는 완성된 재배사를 만들어 판매하거나 주문 제작하는 업체도 있어 한결 편리해졌다.

햇볕의 강도나 계절 또는 날씨에 따라 차광막을 벗기거나 씌우도록 한다.

계절과 관계없이 햇볕의 강도에 따라 잠시라도 차광막을 벗기거나 씌우는 것이 좋다.

통상 날씨나 햇볕의 강도에 따라 5월 중, 하순부터 35% 차광막을 적당히 더 덮어가고, 한여름 고온기에는 차광을 더하며 8월 중, 하순부터 35% 차광막을 적당히 벗겨가면서 조도를 조절한다.(영남알프스 상황버섯 농장 기준)

햇빛이 종일 비치거나 남쪽 지방으로 갈수록 35% 차광막을 조절하여 더 덮어야 하고 반대의 경우, 얇게 덮어야 한다.

🍄 영남알프스 상황버섯농장은 경북 청도에 위치해 있으며 영남알프스라 불리는 산자락에 위치해 있다.

이 점을 염두에 두고 더 남쪽 지방이나 북쪽 지방은 햇볕의 강도, 온도나 날씨 차이에 따라 심는 시기나 차광, 관수, 환기, 수확 시기를 조금씩 조정해야 한다.

카시미론 솜을 사용하면 상황버섯이 좋아하는 은은한 산광을 더 쉽게 얻을 수 있어 재배가 쉬우며, 보온효과가 크고 카시미론 솜 밑의 비닐이 상당히 오래가므로 때때로 솜 위의 비닐과 차광막만 교체하면 된다는 장점이 있다.

반면에 그냥 비닐과 차광막만 사용했을 때는 비용이 저렴하며 설치가 쉽다는 장점은 있으나 카시미론을 사용했을 때만큼의 산광을 얻을 수 없고, 오래 사용하지 못하며 교체 시기가 더 짧다는 단점이 있다.

처음 재배를 시작한다면 카시미론 솜을 사용하고 어느 정도 기술에 자신이 있을 때 비닐과 차광막만 사용해서 재배해 볼 것을 권한다.

환기구 좌, 우측에 패드를 재배사 길이로 고정하고 차광막 두 벌을 패드에 고정한 모습

손으로 장치를 작동하여 35% 차광막 두 벌을 씌운 모습.
한 벌은 허리 높이까지 씌웠다.

차광막을 감은 쇠파이프가 쳐지지 않게 흰 줄을 쳐서 받쳐준다.

차광막을 말아 올리는 양쪽 쇠파이프 밑에 잘 움직이도록 장치한 모습

손으로 장치를 작동하여 35% 차광막 한 벌을 씌운 모습.

천정과 측면의 차광 정도를 달리 해 주어야 한다. 일반적으로 측면의 차광을 덜 해 주어야 한다.

측면의 차광막을 상태에 따라 가슴높이로 적당하게 말아 올리고 내려서 천정으로부터의 조도에 맞추어 나가야 한다.

여름철 고온기에는

비닐(0.08mm)＋카시미론 솜 8온스 한 겹(지역에 따라 4~8온스 한 겹을 더 덮어 조도를 조절할 수도 있다)＋비닐(0.08mm)＋차광막 75% 1벌에 차광막 35%를 적당히 더 덮어 조도를 조절한다.

또 다른 방법으로 비닐(0.08mm)＋비닐(0.08mm)＋차광막 95% 1벌에 차광막 35%를 적당히 더 덮어 조도를 조절하여 여름을 지낸다. 이 경우에도 차광막을 개폐할 수 있도록 시설한다(카시미론을 사용하지 않는 이 방법은 어느 정도 재배에 자신이 있을 때 시도해 볼 것을 권한다)

5월 중, 하순이나 6월 초순부터 8월 중, 하순까지 조도를 이렇게 맞춰 준다.

장마가 끝나고 햇볕이 강하게 내리쬐는 7월 어느 시점부터는 차광에 특히 주의를 기울여야 한다.

이때는 신속히 차광막 35%를 적당히 더 덮어 조도를 조절해 주어야 한다.

🔔 참고로 많이 유통되는 차광막의 종류를 나열해 둔다.

35%, 55%, 75%, 85%, 90%, 95%, 98%

퍼센트가 낮으면 차광막이 얇고 빛의 투과가 많으며, 두꺼울수록 정반대다.

근래에는 차광막의 종류도 더 다양해졌으며 98%까지 차광 되는 종류와 훨씬 질기고 오래가는 차광막도 나와 있으며, 색깔도 다양해지고 있다.

차광을 어느 시기에 어느 정도로 할 것인가는 상황버섯 재배에서 핵심기술 중 하나이다.

상황버섯은 속배양 때, 싹을 틔울 때, 자랄 때, 폭염 시에, 장마철에, 가을에 햇볕의 강도가 약해질 때, 겨울철 동면기에 차광을 각각 달리해 주어야 한다.

또한, 햇볕의 강도에 따라 수시로 차광을 달리해 주면 좋다.

차광막도 몇 퍼센트의 차광막을 어느 정도로 덮을 것인가는 성장상태에 따라 신중하게 결정해 나가야 한다.

35%는 차광막 중에서 차광률이 가장 낮고 가볍다. 따라서 다루기는 쉽지만, 햇빛에 오래가지 못하는 단점도 있다. 더 두꺼운 차광막을 씌우면 오래가고 자주 교체하지 않아도 된다. 그러나 이 책에서 35%를 주로 사용하는 이유는 미세하게 차광의 정도를 조정할 수 있어 버섯의 생육환경에 잘 맞춰갈 수 있다는 점이다.

차광을 어떤 빛의 밝기에 얼마만큼 할 것인가는 몸으로 빛의 밝기를 익히는 것이 가장 좋은 방법이다.

조도계를 가지고 다니면서 수시로 재배사 내의 조도를 체크한다면 빛의 밝기를 잘 감지하고 차광막을 덮거나 벗겨야 할 시기를 파악하는 데 큰 도움이 된다.

조도계도 전자상사에서 디지털로 된 조도계를 구입한다면 빛의 밝기를 신속하게 몸으로 익히는 데 도움이 된다.

앞으로도 자주 강조할 것이지만 공중재배, 지면재배 모두 천정과 측면의 차광 정도를 달리 해 주어야 한다. 일반적으로 측면의 차광을 덜 해 주어야 하는데, 지면재배보다 공중재배가 더 줄여야 한다. 또한, 유의할 점으로 지면재배는 빛을 바로 받지만, 공중재배는 종목이 공중에 달려 있어 버섯이 나무 아래에 달리므로 빛을 적게 받게 된다는 점이다.

차광막을 덮는 방법을 요약하면

버섯의 생육환경에 맞도록 차광막으로 계속 조도를 조절해 나가는 것이다. 버섯이 노랗게 잘 자란다면 계속 그 상태를 유지하도록 차광막을 덮거나 벗기는 것이다.

또한, 천정의 차광막을 통해 들어오는 빛에 버섯이 잘 자란다면 그에 맞는 조도를 측면에도 하도록 하는 것이다.

이 점은 이 책 전체에서 차광막을 어떻게 덮어야 한다고 이야기할 때 모두 해당되는 내용이므로 꼭 유념해 두도록 하자.

차광에서 또 한 가지 유의할 점으로 자신도 모르게 재배사의 차광을 달리한다는 점이다.

여름으로 갈수록 재배사 주위에 잡초가 무성하게 자라 차광을 방해할 수도 있고, 옥수수와 같은 채소를 심거나, 유실수를 심어 방해할 수 있으므로 항상 차광을 방해하는 것에 주의해야 한다.

차광막을 얼마나 덮어야 하는지는 뒤에서 차광이 맞지 않을 때 나타나는 여러 가지 현상에서 자세히 설명한다.

상황버섯 재배사를 덮는 비닐은 장수비닐로 통상 0.08~0.1mm를 많이 사용한다.
재배해 본 경험으로는 0.08mm 비닐 두벌을 덮는 것이 적합하였다.
0.08mm 이하나 0.1mm가 넘는 두께를 사용해도 좋다.
장수비닐은 일반 비닐보다 수명이 길다.
색깔이 푸른 빛을 띠므로 쉽게 일반 비닐과 구분할 수 있다.

비닐의 종류를 나열하면 … 0.04mm, 0.05mm … 이렇게 0.01mm 단위로 주문할 수 있다.
비닐이 얇으면 가볍고 다루기 쉬우며 저렴하나 수명이 짧다는 단점이 있다. 두꺼우면 반대이다.

🔔 비닐을 필름으로 부르기도 한다.

여기서 한 가지 제안할 점은 국내 시설 하우스 농가의 상당 부분이 봄철에 비닐과 차광막을 주문한다는 점이다.
그러므로 봄철에 비닐과 차광막을 주문하면 시일이 오래 걸려 설치에 차질을 빚을 수 있으므로 봄철이 되기 전에 일찍 주문해서 준비해 둔다면 제 때에 어려움 없이 설치할 수 있을 것이다.

🔔 비닐을 설치할 때 주의할 점은 차광막은 바람이 불거나 일기가 나빠도 설치하는 데 큰 어려움은 없다.

물론 95%나 98% 차광막이 길면 무게가 많이 나가 운반하고 설치하는 데 조금의 어려움은 있다. 그러나 비닐은 다르다.

조금의 바람만 불어도 설치에 상당한 어려움을 겪게 된다. 긴 비닐을 설치하려고 꽉 붙잡고 있다가 바람이 갑자기 불면 비닐과 함께 공중으로 몸이 날리기도 하고 언덕에 굴러떨어질 수도 있다.

그러므로 비닐을 안전하게 설치하는 방법을 제안한다면 통상 재배사 골조에 비닐을 설치하는 때는 4월이나 5월이다.

이 시기는 봄바람이 많이 부는 시기이나 이상하게도 새벽에는 바람이 잔잔할 때가 많다.

맑은 날 새벽 해 뜰 때부터 오전 9시나 10시까지가 바람이 잔잔한 시기이다.

이때 신속하게 비닐을 설치해야 한다.

새벽에 바람이 잔잔한 날도 오전 9시나 10시경부터 바람이 불기 시작하므로 시기를 잘 선택하는 것이 중요하다.

또한, 봄철에 비교적 온도가 높을 때 설치하므로 비닐을 너무 당겨 골조에 밀착하여 설치하면 겨울에 온도가 낮아 비닐이 수축되면 문제가 되므로 적당히 당겨 설치해야 한다.

비닐을 설치하고 있다.

비닐 위에 차광막을 설치한 모습.
천정 환기구와 낙하산 줄도 보인다.

그리고 5~6m 간격으로 낙하산 줄을 매어 차광막과 비닐이 바람에 날리지 않게 해야 태풍이나 강풍으로 인한 피해를 입지 않는다.

상황버섯은 한 번 재배했던 재배사를 그대로 사용하여 재배하면 병충해에 시달리기 쉬우며 우량버섯을 생산하기 힘들다.
그러므로 한번 재배했던 재배사는 자연광과 환기로 자연 소독한 뒤 다시 재배하거나 새로 교체하여 재배하는 것이 좋다.

카시미론 솜을 사용할 경우 맨 안쪽의 비닐과 카시미론 솜은 한번 재배했더라도 별로 낡지 않았으므로 그대로 두고 바깥쪽의 비닐과 차광막이 낡았다면 교체하고 맨 안쪽의 비닐을 물로 충분히 세척한 뒤 모든 환기구를 다 열어 충분히 환기되게 하고, 자연광으로 한 달 이상 소독한 뒤 다시 재배한다.
공중재배는 바닥에 모래나 마사를 10~20cm 정도 다시 깔고
지면재배는 좀 더 두껍게 마사를 넣고 재배를 다시 시작한다.

6 환기 시설

완성된 재배사에 환기 시설을 해야 하는데 상황버섯은 환기를 어떻게 하느냐에 따라 종목의 수명과 버섯의 품질이 크게 좌우된다.

재배하면서 점점 더 환기의 중요성을 실감하며, 상황버섯은 환기에 대단히 민감한 균류라는 것을 절실히 깨닫게 된다.
앞, 뒷문은 크게 설치하되 최소한 손수레가 다닐 정도의 크기면

좋다. 앞문은 장래를 생각하여 소형 트랙터가 다닐 정도의 크기면 더 좋다.

특히 지면재배의 경우 한번 재배했던 재배사의 경우 재배사 내의 마사토를 교체해 주거나 더 덮어야 하므로 소형 재배사인 경우 손수레로 작업할 수 있으나, 재배사가 많을 경우 트랙터로 드나들면서 작업하면 한결 수월하다.

폭염 때 앞, 뒷문을 개방했을 경우를 대비하여 방충망을 설치해 둔다. 앞, 뒷문을 개방해서 환기를 시킬 수도 있으나 앞, 뒷문 옆에 큰 창을 만들고 방충망을 설치해서 환기를 시킬 수도 있다.

🔔 방충망을 설치하는 이유에 대해서는 뒤에서 상황버섯 병충해 12가지 및 방제법에서 자세히 설명한다.

천정은 4m 정도의 간격으로 지름이 약 50~60cm가량의 환기구를 설치한다.

측면도 4m 정도의 간격으로 환기구나 환기창을 설치한다.
하지만 어떤 경우이든 방충망도 같이 설치해야 한다.

여름철에는 온도가 높고 이산화탄소의 발생량이 많으므로 환기가 잘되어야 버섯이 정상적으로 성장할 수 있다.

천정 환기구가 적당한 간격으로 설치되어 있다.

멀리서 본 천정 환기구의 설치 모습

한 가지 간과하지 말아야 할 점은 좁은 재배사 안에 너무 많은 종목을 심으면 이산화탄소의 발생량이 많아 환기에 특히 어려움을 겪으며, 관수를 했을 때 물이 가지 않는 곳이 발생하고 서로의 종목에 가려 조도가 맞지 않으며, 빛이 골고루 비치는데도 어려움이 따르며, 관리도 불편할 뿐만 아니라 조건을 잘 맞추려고 해도 재배에 상당한 지장을 초래한다.

그러므로 좁은 공간에 너무 많은 종목을 심으면 좋은 품질의 버섯을 얻기 어려우며, 또한 기형의 버섯이 발생 되기 쉬우므로 적당량의 종목을 심을 것을 권한다.

통상 지면재배는 경험에 의하면 종목 사이의 거리와 재배사 모서리로부터의 거리를 20cm 정도 띄워 심었을 때 무난하게 관리할 수 있었고 잘 성장하였다.

7 관수 시설

지면재배는 땅에만 버섯이 심겨 있으므로 재배사가 긴 쪽으로 지름이 약 40~50mm의 관수 파이프를 길게 폭에 따라 적당히 설치하고 1~1.5m 간격으로 관수노즐을 달면 된다.
재배사의 폭이 5~7m 정도까지는 수압에 따라 다르나 좌, 우측에 한 개씩만 파이프를 설치하거나, 수압이 약하다면 중앙에 파이프를 한 개 더 설치해도 되나 폭이 더 넓거나 좁다면 그에 맞게 파이프를 설치한다.

폭 6m의 재배사 양쪽에 관수파이프를 설치하고 1~1.5m 정도 간격으로 노즐을 설치했다.

어떻게 설치하든 중요한 것은 종목에 물이 골고루 잘 분사될 수 있도록 시설하는 것이다. 이제 재배사는 완성되었다.

그러면 배양한 종목을 재배사에 심어야 하는데 그 전에 종목에 붙어 있는 종균껍질을 제거해야 한다.

8 종목 묻기

종목은 맑은 날 온도가 높을 때 재배사 내에 내려놓으면 좋다. 통상 5월 중, 하순경이 무난하다.

🏺 시기를 좀 더 앞당기거나 미루더라도 그에 맞춰 재배하면 무리가 없다. 실제로 과거에 4월 초순과 8월 말에 종목을 심어 잘 재배한 실제 경험을 뒤에서 재배일지로 기록해 두었으므로 참고할 수 있다.

재배사 내에 내려둔 잘 배양된 종목들

종목을 가져다 둔 뒤, 재배사 앞, 뒷문을 열어서 시원하고 그늘지게 한다. 비가 온다면 천정 환기구는 닫는다.
그러나 앞, 뒷문이나 측면 환기구는 열어두어야 한다.
비닐 내에서 꺼내지 말고 바로 쌓아둔다.

비닐 내에서 꺼내두면 나무가 말라 종균껍질을 제거하기가 어렵다.
부득이 노지에 쌓아둔다면 직사광선이 쬐지 않도록 차광막으로 덮고 가능하면 바로 재배사로 옮긴다.
온도가 올라가지 않도록 유의한다.
종목은 비닐에 쌓여 있으므로 재배사 내의 온도가 조금만 올라가도 급속히 온도가 올라간다.

🔔 종균은 40도 이상 장시간 끌면 사멸한다.

재배사 내의 종목을 비닐에서 바로 뜯어 칼과 쇠솔로 종균껍질을 말끔히 제거한다.

의자에 앉아 적당한 높이의 고무통 위에 판자를 올려두고 작업하면 편하게 작업할 수 있다.

나무 아래와 위의 껍질은 칼로 썰듯이 긁어내고 옆면은 두꺼운 것은 칼로, 나머지는 쇠솔로 문질러서 말끔히 제거한다.

쓰레기는 큰 고무통에 함께 모아 한쪽에 옮겨 산더미처럼 쌓아두고 종목작업이 끝난 뒤 적당한 때에 처리한다.

종균껍질을 말끔히 제거하지 않을 경우 푸른곰팡이가 피거나, 싹이 잘 나오지 않는다.

그러나 너무 심하게 종균껍질을 제거하다 보면 나무가 상하므로 기술이 필요하다.

종균껍질을 쉽게 제거하는 기계. 앞에서 본 모습

💬 종목을 비닐에서 바로 뜯어 작업하면 좋으나 작업이 늦어져 며칠 두면 비닐 내에 물이 생기나 관계없이 작업을 진행하면 된다. 그러나 종목에는 악영향을 미칠 것이다. 그리고 너무 오래 두면 푸른곰팡이가 피므로 가능하면 물이 생기기 전에 재배사 내에 종목을 내려두고 바로 신속히 작업하도록 한다.

💬 종균껍질을 쉽게 제거하는 기계가 나와 있으므로 구입하면 한결 수월하게 작업할 수 있다.

한 사람이 손으로 껍질을 벗길 수 있는 분량은 대략 하루 100~300개 정도이다.

기계를 사용하면 하루 2,000~3,000개 정도 작업할 수 있다.

잘 배양된 종목.
종균껍질이 종목 전체를 둘러싸고 있다.
뒤에는 비닐을 뜯기 전의 모습이다.

노랗게 잘 배양된 종목. 뒷면까지 종균껍질이 두껍게 형성되어 있다.

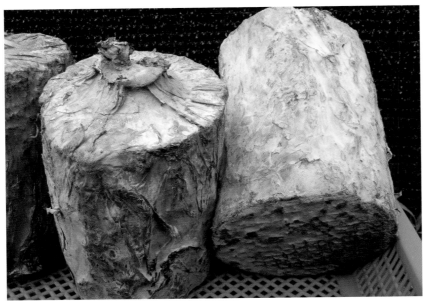

노랗게 잘 배양된 종목. 나무 전체에 종균이 잘 배양되어 대단히 강한 세력을 유지하고 있다.

이제 잘 배양된 종목을 재배사 내에 심는 작업에 대해 알아보자.

❾ 종목 심기

종균껍질을 긁고 나면 통상 5월 중, 하순이나 6월 초순이 된다. 이때 잘 긁은 종목을 재배사에 심는다.

🏺 그러나 실제 재배해 봤을 때 4월 초, 중순이나 5월 초순에 심어도, 심지어 8월 말에 심어도 속배양(뒤에서 설명)기간을 길게 했을 경우 매우 우량품종의 버섯을 생산할 수 있었다.
하지만 제 때에 심는 것이 여러 조건의 변화에 잘 대응할 수 있으므로 특별한 경우가 아니라면 제 때에 심을 것을 권한다.

재배사의 바닥에 배수가 양호한 마사토를 두껍게 깔고 지면을 평평하게 고른 다음 종목을 지면에 놓는다.
지면재배는 종목길이의 1/3정도 심고 마사토를 종목 옆부분에 조금 올라오게 덮어주면서 눌러 준다.
심은 뒤 노출된 원목의 위 표면은 건조되지 않게 마사토를 종목 위에 2~3cm 정도 두께로 덮어주면서 손으로 꼭꼭 눌러준다.
이렇게 하면 위로 버섯이 발생하지 못하고 옆으로 이쁜 모양의 버섯이 발생하게 된다.

종목 사이의 간격은 20cm 정도씩 띄워 심고, 재배사 모퉁이로부터도 20cm 정도 간격을 둔다.
심을 때 종목의 균사가 잘 자란 면이 위로 향하도록 한다.

적당한 간격으로 열을 맞춰 심는다.

과거 종목길이의 다양한 비율로 마사토에 심어서 시험 재배해 보
았다. 1/2이나 2/3 그리고 1/4 정도로 심어서도 재배해 보았다.

결론은 1/3 정도 땅에 심는 것이 재배와 관리, 버섯 발생에 있어
서 가장 적합하였다.

과거 종목을 심지 않고 바닥에 골을 파고 얹어서 시험 재배해 보
았다.
버섯의 성장에도 문제가 있었고, 각종 병충해에도 시달렸다.
그리고 종목 밑에서 파뿌리 같은 흰 잔뿌리가 많이 나와 종목과
땅을 연결했으며 땅으로 길게 뻗어 나갔다.
상당히 강인해서 뜯어내기도 힘들었다.
또한, 종목을 땅 위에 심지 않고 그대로 얹어 두고 재배해 보기도

하고 나무를 포개어 두고 재배해 보았으나 역시 버섯이 정상적으로 성장하지 않고 종균의 세력이 약하게 형성되었으며, 많은 병충해에 시달렸다. 자라나온 버섯도 말라붙어 시커멓게 변해 버렸다.

종목 또한 건강할 때 나타나는 색깔인 누런 색깔을 띠지 못하고 시커멓게 변해 버렸다.
차광막을 땅에 깔고 그 위에 얹어서 재배해도 역시 비슷한 결과를 가져왔다.

과거 종목 위에 덮은 마사토를 버섯 발생 후 어느 정도 자랐을 때 치워야 관수 했을 때 버섯에 모래가 묻지 않을 것이라고 생각하고 치워서 시험 재배해 보았다.
종균이 종목 위로 배어 나와 모래가 종목과 달라붙어 치우기가 쉽지 않았으며 잘 치운 종목도 버섯은 잘 자랐으나 습기 부족으로 치우지 않은 종목보다 버섯 성장이 좋지 않았다.
그리고 마사토는 물을 주면 단단하게 되는 성질이 있으므로 많이 흘러내리지 않는다.

결론은 한번 얹은 마사토는 재배가 끝날 때까지 그냥 두는 것이 좋다는 것이다.

재배사에 심을 때 가로세로 열을 맞춰 심는 것은 당연한 것 같지만 꼭 필요하다.
곰팡이나 병충해의 발생, 환경에 따른 버섯의 성장 등을 한눈에 알 수 있기 때문이며, 관리하며 재배사 안을 돌아다니기도 쉽다.
그러나 실제로 심어보면 똑바로 열을 맞춰 심기가 쉽지 않다. 인
부들을 시켜놓으면 처음에는 잘 심어 나가다가 나중에는 S자를 그
리게 된다.

또한, 실을 곳곳에 쳐서 심어도 보았지만, 그것도 쉽지 않았다.
여하튼 어떤 방법을 사용하든 가로세로 열을 맞춰 심을 것을 권한다.

공중재배 시 바닥의 토양은 재배에 있어서 대단히 중요하다.
배수가 잘되어야 병충해나 여러 잡균의 오염으로부터 해를 입지
않고 우량종목을 유지할 수 있다.

그러나 지면재배는 직접 땅에 종목을 심기 때문에 더 중요하다.
너무 기름지거나 배수가 잘 안 될 경우 많은 병충해의 온상이 되
므로 굵은 마사토가 좋으며 망치로 깰 정도의 굵은 마사토가 섞여
있어도 좋다.

상황버섯은 통기성이 좋은 마사토를 사용할 때 종균의 활동이 특
히 왕성하였다.

종목을 긁고 재배사 내 마사토 위에 여기저기 갖다 둔 종목을 하
루나 이틀이 지난 뒤 심어도 관계는 없으나 종목을 긁어 바로 심
어도 문제가 없었다. 심을 때 종목의 균사가 잘 자란 면이 위로 향
하도록 한다.

이 점은 공중재배와는 다른 점이다. 공중재배는 균사가 잘 자란
면이 아래로 향했지만 지면재배는 위로 향하도록 심는다.

너무 촘촘하게 심으면 관리가 불편하고, 광이 부족하며, 물이 가지 않는 곳이 발생하고, 싹이 났을 때 산소 부족으로 버섯의 품질이 떨어지며, 포자층이 잘 형성되지 않으며, 붉은 물을 흘리며 썩는 곳이 생기며, 기형의 버섯이 발생한다.

그러므로 종목 사이는 20cm 정도, 재배사 모퉁이로부터도 20cm 정도 띄워서 심어야 좋은 품질의 버섯으로 자라게 된다.

🏮 실제로 과거에 종목을 한 재배사에 빽빽하게 심어 시험 재배해 보았다. 문제가 한 두 가지가 아니었다.

먼저 발이 잘 들어가지 않아 종목 사이를 돌아다니기 힘들었으며, 재배에 상당한 어려움이 있었고, 여러 병충해에 취약하였으며, 종목이 다른 종목을 가려 조도가 맞지 않아 기형의 버섯이 발생하였으며, 관수를 했을 때 종목에 물이 가지 않는 곳이 발생하고, 버섯이 자란 후에는 서로 달라붙기도 했다.

종목 또한 건강할 때 나타나는 색깔인 누런 색깔을 띠지 못하고 시커멓게 변해 버렸다.

특히 여름철 고온기에는 이산화탄소의 발생량이 많아 환기가 문제가 되어 버섯이 기형으로 자랐으며, 싹이 난 버섯도 뭉치거나 말라버린 경우가 많았으며, 곰팡이의 발생도 많았다.

실제로 재배해 보면 종목 사이의 공간에 여유가 있을 때, 종목이 계속 건강한 상태를 유지하며, 우량품종의 버섯을 얻을 수 있었다.

심고 모든 환기구는 꽉 닫는다.

그러나 35℃가 넘으면 잠시라도 환기구를 연다.

지면재배는 종목이 땅에 심겨 있으므로 실제 공중의 온도보다 낮다. 그러므로 35℃ 가까이 되어도 무관하다.

심고 난 뒤 속배양 기간을 거친 뒤 관수할 것을 권한다. (속배양은 뒤에서 자세히 설명한다)

이제까지의 시험 재배 결과 이렇게 했을 경우 가장 재배가 수월했으며, 우량종목을 만들 수 있었고 버섯의 모양과 수확에서도 월등했다.

🔔 참고로 어느 해 5월 30일에 심었던 종목의 숫자를 기록해 둔다.

각 재배사에 종목 심은 개수 파악

1동 : 1087(폭 6m × 길이 25m)

2동 : 1006(폭 6m × 길이 20m)

3동 : 1315(폭 6m × 길이 23m)

5동 : 1998(폭 5.5m × 길이 39m)

8동 : 1381(폭 6m × 길이 20m)

9동 : 1192(폭 6m × 길이 20m)

　총 7979개

🔔 위 내용을 잘 살펴보면 면적에 따라 종목의 수가 비례하지 않는다. 종목의 굵기가 많이 다르기 때문이다. 또한, 인부들이 어떤 곳은 촘촘하게 어떤 곳은 듬성듬성하게 심었기 때문이다.

통상 종목의 지름이 15cm 정도이나 이때는 15cm 넘는 것이 많았고 종균도 두껍게 잘 배양되었다.

통상적인 굵기의 종목이면 위 심은 개수면 적당한 양이 될 것이나 적당한 간격으로 심기 위해서는 그때에는 위 심은 개수의 80% 정도면 무난했을 것이다.

공중재배는 위 종목 개수의 1.5~2.3배 정도 된다고 생각하면 된다. 더 설치할 수도 있으나 좀 듬성듬성하게 설치하는 것이 재배에 유리하다.

🏯 9월에 버섯 자라는 모습 관찰

듬성듬성 매단 곳이나 심은 곳은 잘 자라나, 종목이 남아 빽빽하게 매달거나 심은 곳은 버섯이 우글쭈글하고 포자층도 잘 형성되지 않고 잘 자라지 않았다.

앞으로는 공중에 매달 때 옆으로는 종목의 반지름 이상 띄워 매달고 심을 때도 한 뼘 정도 사방으로 띄워 충분한 간격을 두도록 하고, 재배사 모퉁이로부터도 최소 한 뼘 정도 띄워 심는다.

🔟 속배양

속배양이란 종균껍질을 제거한 종목을 재배사 내에 관수하지 않고 그냥 심어두어 적당한 온도에 종목 속 종균이 활성화되어 튼튼한 종목을 만드는 작업을 지칭하는 말인데, 정확한 학명이나 명칭은 잘 생각나지 않아, 책에서 사용하는 정식 용어는 아니나 쉽게 생각할 수 있는 표현으로 앞으로 계속 사용하기로 한다.

우량 상품의 버섯을 얻기 위해서 반드시 거쳐야 할 단계가 속배양으로 상황버섯재배의 핵심기술이다.

일반적으로 종목을 심은 후 바로 관수하는 경우가 많으나, 실제로 재배해 본 경험은 그렇게 하였을 때 종목의 세력이 약해 우량버섯을 발생시킬 수 없었을 뿐 아니라 많은 병충해에 시달리게 되었다. 속배양 기간을 거쳐야 튼튼한 종목이 되고 우량버섯을 재배할 수 있었다.

여러 번 시험하고 실제 재배한 경험으로 반드시 이 과정을 거칠 것을 권한다. 날씨나 햇볕의 강도, 온도에 따라 속배양 기간을 달리한다. 심고 모든 환기구는 꼭 닫는다. 관수는 하지 않는다.
5~15일 정도(온도가 높을수록 배양 기간은 5일 정도 짧게, 온도가 낮은 4월이나 5월 초, 중순에 심으면 배양 기간은 길게 15일 정도) 마른 마사에서 배양한다.
흐리고 온도가 낮은 날이 많으면 길게 속배양 한다.

🏛 과거 축축한 마사에서 시험적으로 속배양을 해 보았지만 마른 마사만 못했다.

땅에 심은 뒤 온도는 35℃ 이상 올리지 않는다.
2~3일 후에 종목을 뽑아보면 밑면에 종균이 노랗게 형성되어 가는 것을 볼 수 있다. 5~15일 어느 기간 중 종목에 종균이 제일 두껍게 형성되었다고 생각될 때 관수를 시작한다.

🏛 속배양 기간에는 가능한 온도가 높아야 한다. 그러나 낮에 재배사 내 온도가 35℃ 이상 올라가면 잠시라도 환기구를 열어 온도를 낮춘다.

종목이 땅에 심겨 있으므로 재배사 내의 온도가 35℃ 정도 올라가도 땅의 온도는 그리 높지 않으므로 이 점에 유의하여 온도를 조절한다.

🔔 어느 해에 속배양한 실례를 참고할 수 있도록 기록해 둔다.
- 8동 : 5월 23일 종목을 심고 10일 후 6월 3일 관수
- 5, 9동 : 5월 25일 종목을 심고 10일 후 6월 5일 관수
- 1, 2, 3동 : 5월 26일 종목을 심고 15일 후 6월 10일 관수

그동안 며칠 빼고 재배사 내의 온도가 30℃ 이상 올라간 관계로 열흘 정도 마른 마사에 심어둔 종목의 종균이 두껍게 잘 형성되었다.

요약하자면 지면재배는 마른 마사에 종목을 심고 열흘 정도 30℃ 조금 넘게 온도를 올려 종균이 잘 활성화되도록 한다.
공중재배는 30℃ 정도까지 온도를 올려 속배양한다.
온도가 낮은 날이 많으면 더 길게, 높은 날이 많으면 짧게 속배양하고 종균이 두껍게 형성되면 관수를 시작한다.
30~35℃ 가까이 올라가는 날이 일주일 이상 포함되면 종균이 잘 배양되고 두껍게 형성된다.

🔔 그러나 40℃ 가까이 온도를 올리는 것은 위험하다.
종균이 사멸할 수 있다. 심은 종목은 35℃ 정도까지 온도를 올리고 더 올라가면 환기를 시켜 온도를 맞춘다.

잘 배양되고 있는 종목은 종균의 색깔이 노란 개나리색으로 보기

가 좋으나 간혹 붉은 물방울을 흘리면서 종균의 색깔이 흉한 경우
가 있다.

이것은 온도가 높고 환기가 잘 안 될 때 생기는 현상으로 즉시 환
기와 온도를 조절하도록 한다.

온도나 습도는 온, 습도계를 달아 두면 재배에 편리하다.

그러나 기계는 고장이 날 수 있으므로 몸으로 온, 습도를 익혀두
면 재배사의 여러 조건을 맞추는 데 편리하다.

예를 들어 몸으로 온, 습도를 감지한 그간의 경험을 기술하지만,
자신이 깨닫는 것이 가장 현명한 방법이다.

재배사 내에 들어갔을 때 머리가 뜨거울 정도가 되면 40℃ 가까이
된 것이다.

몸이 후끈하고 좀 답답하면 35℃가 넘는 것이고, 따뜻하면서도 조
금 후덥지근한 정도가 되면 30℃ 정도이며 버섯이 잘 자라는 온,
습도가 되는 것이다.

어디까지나 한 가지 예이며, 재배사를 드나들면서 온몸으로 익히
는 것이 가장 좋은 방법이다.

11 관수

관수란 종목에 물을 주는 것이다. 속배양 후 종목을 뽑아보면 종
균이 종목 아랫부분에 두껍게 형성되어 있고 종목도 누렇게 변해
있을 것이다. 종목이 이렇게 되면 대단히 강한 세력을 유지하고
있고 이제 관수할 때가 된 것이다.

속배양 후 종균이 종목 밖으로 배어 나와 있으며 누른 색깔을 띠고 있다.

속배양 후 종목 곳곳에 종균이 배어 나오고 있다. 이런 종목은 대단히 강한
세력을 유지하고 있다.

속배양 후 종균이 종목 위에까지 배어 나와 있으며, 누른 색깔을 유지하고 있어 강한 세력을 유지하고 있다.

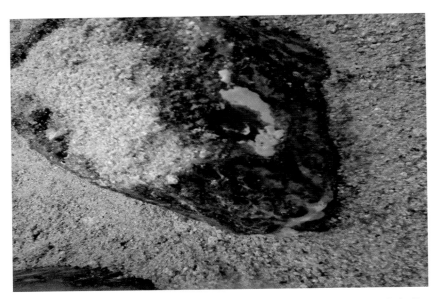

종균이 종목 전체에 잘 배양되어 튼튼한 종목이며, 관수할 시기가 되었다는 신호이다.

상황버섯 재배에서 이 시기는 대단히 중요한 시기이다. 오염되지 않은 우량종균을 접종해서 우량종목을 만들 때가 첫 번째 고비라면 이때는 그에 못지않게 세심한 주의를 기울여야 할 때이다.

온도, 습도, 조도, 환기 등 모든 조건에 주의를 기울여 싱싱하고 건강한 버섯을 발생시켜야 한다.
상황균사의 세력이 강할 때 각종 곰팡이나 병충해의 세력을 이기고 품질 좋은 버섯을 발생시킬 수 있다.
이 시기의 부실한 관리는 상황버섯 일생 내내 병치레를 하게 만든다.

처음에는 재배사 내의 모든 것이 말라 있으므로 바닥에 물이 흥건히 흐르고 마사 내에 푹 스며들며, 종목 밑 종균에 닿을 정도로 많이 관수한다.

통상 재배사의 조건에 따라 다르지만 1시간 이상 관수한다.
이튿날 재배사에 들어가 보면 많은 푸른곰팡이가 피어 있다.
버섯 발생 전 푸른곰팡이가 극성을 부린다.
특히 뽕나무의 경우가 심하다.
그러나 버섯이 발생하면 푸른곰팡이는 서서히 사라진다.
이때 피는 푸른곰팡이는 무시해야 한다.
푸른곰팡이를 잡기 위해서 환기를 많이 시키거나 종목을 과도하게 말리거나 하는 일이 없도록 한다.

푸른곰팡이는 종균만 잘 배양되었고 속배양 기간을 잘 거치고 정상적으로 관수하면 서서히 자동으로 없어지므로 걱정하지 않아도 된다.

요점은 종균세력만 강하다면 곰팡이뿐만 아니라 뒤에서 여러 병충해에 관해 기술할 것이지만 웬만한 병충해에 걸리지 않으며, 튼튼하고 품질 좋은 버섯이 발생한다.

🏮 상황버섯 재배의 핵심기술은 어떻게 강한 종균세력을 만들고 환경을 잘 맞춰 계속 그 세력을 유지해 나갈 것인가 하는 점이다. 종균세력만 강하게 유지해 나간다면 자동으로 우량버섯이 자라게 된다.

푸른곰팡이가 다 죽을 때까지 기다리지 말고 종목이 어느 정도 마르면 다시 관수한다.

종목이 마르는 데는 날씨에 따라 다르지만 통상 1~2일 정도 걸린다.

이후 재배사나 날씨에 따라 다르지만, 햇볕이 강하다면 하루에 30분 정도 관수한다.

오전, 오후로 10~15분씩 나눠 관수할 수도 있다.

관수할 때마다 많이 관수해서 종목이 푹 젖도록 한다.

속배양 한 뒤 몇 번 관수하면 종균기운이 감돌게 되는데 이때부터 온도를 올리면서 자주 많이 관수하여 나무가 항상 축축해야 곰팡이가 모두 사라지면서 싹이 나오게 된다.

그리고 관수를 시작할 때부터 온도가 35℃ 이상 올라가면 바로 환기구를 여닫아 35℃ 이상 올라가지 않도록 하고, 30℃ 이하로 떨어지지 않도록 노력한다.

그러나 날씨가 좋지 않아 온도가 떨어지거나 밤에 온도가 떨어지는 것은 그대로 둔다.

🔔 종목을 매달면 재배사 내의 온도가 종목의 온도와 거의 같게 된다. 그러나 지면재배는 종목이 땅에 심겨 있으므로 재배사 내의 온도가 35℃ 정도 올라가도 땅의 온도는 그리 높지 않으므로 이 점에 유의하여 온도를 조절한다.

몇 번 관수하면 종목이 마르고 종균기운이 왕성하게 된다.

나무 여기저기에 종균이 배어 나오는데, 이때부터 대단히 중요한 때이다.

이때부터 세심한 노력을 기울여서 날씨가 맑고 온도가 많이 올라 간다면 하루 20~30분씩 한 번에 주거나 오전, 오후로 나눠 관수 하면서 35℃ 이상 올리지 말고 종균세력을 계속 강하게 하면 노란 물방울 같은 싹이 종목 여기저기서 뚫고 나온다.

온도가 높을 때 적당히 환기하여 온도를 맞추면 싹이 훨씬 더 많이 나오는 것을 느낄 수 있다.

싹이 나오면 관수를 자주하고 환기를 시키면서 차광을 조금 더 해야 버섯이 매끈하게 잘 성장한다.

싹이 군데군데 물방울같이 났더라도 온도를 맞추면서 관수에 신경 쓰면 한군데로 뭉치면서 버섯이 이쁘게 자란다.

나온 싹이 잘 자라도록 최대의 노력을 기울인다.

재배사 안이 좀 축축하더라도 계속 관수한다. 축축하고 후덥지근하게 계속 관리하면 싹이 나와 자라면서 곰팡이는 서서히 사라진다. 다시 말해서 재배사 내의 상태를 좀 밝게 하면서 온, 습도를 맞추면 푸른곰팡이는 사라진다.

햇살이 강하면 오전 15분, 오후 15분 정도 관수한다.

'관수하고 말리고 관수하고 말리고'를 반복한다.

싹이 나오기 시작하면 햇볕이 강하고 온도가 높다면 주기적으로 매일 20~30분 정도 주는 것에 더해 싹이 마르지 않도록 살짝살짝 관수한다.

온도도 30℃ 정도로 관리한다. 그러면 군데군데 물방울 같은 싹이 났더라도 종목을 축축하게 유지하고 재배사 내의 상태를 후덥지근하게 하면 싹들이 한곳으로 뭉치면서 소 혓바닥 같은 버섯 모양을 이루어 나간다.

관수에 주의를 기울이고 보온시켜야 싹이 발생한다.

종목을 축축하게 유지하여 싹이 말라붙지 않도록 한다.

싹이 나올 때 건조하면 종목 아랫부분으로 싹이 발생하여 흙이 묻고 품질이 떨어지게 된다.

싹이 날 때까지 온도가 많이 올라가지 않는다면 환기는 필요 없다.

싹이 나면 적당히 온, 습도를 맞추어야 한다.

단, 싹이 나기 전 온도가 너무 올라가면 잠시 환기를 시켜 온도를 낮춘다.

싹이 나면 온도 및 습도를 좀 낮추어야 한다.

싹이 절반 가까이 나오면 차광막 35% 한 벌을 덧씌우는 것을 고려하여 조도를 맞추고 환기도 시킨다.

온도가 낮으면 버섯이 잘 자라고 갓이 잘 형성된다.

30℃ 정도가 적당하다.

30℃ 정도 되면 푸른곰팡이가 피지 않는다.

그간 경험은 환기를 적당히 시키면서 재배사를 조금 밝게 하면 푸른곰팡이가 피지 않는다. 온도를 올리면서 조도를 적당하게 맞추면 푸른곰팡이는 죽는다.

그러나 너무 밝으면 싹이 나오는 데 방해가 되며 나온 싹이 말라붙는다.

적당한 조도를 유지해야 한다.

앞서 여러 번 언급하였듯이 측면차광은 천정 차광과 달리해야 한다. 가슴높이로 적당하게 말아 올려두어 조도를 조절한다. 측면차광은 공중재배가 더 많은 빛이 필요하다는 점을 늘 염두에 두자.

환기도 온도가 많이 올라가면 지면재배도 측면 환기구를 열어야 하지만 공중재배는 신속하게 지면재배보다 측면에 더 많은 환기를 해 주어야 한다.

🔔 관수시간을 표시해 두지만 어디까지나 영남알프스 상황버섯농장의 조건에 맞는 시간이다. 참고할 수 있도록 시간을 표시해 둔 것뿐이다.

어느 정도의 간격으로 얼마나 줄 것인지는 관수 노즐의 수나 간격, 수압의 세기나 일조량, 날씨, 지역에 따라 달라지므로 초시계를 가지고 다니면서 관수 시간과 양을 재배사에 맞게 터득해 나가는 것이 좋다.

속배양이 잘 된 종목은 좀 많이 관수해도 지장이 없다.
종균이 나무 밖으로 배어 나온다는 것은 곰팡이가 종균세력에 눌려 죽는다는 것을 의미하며 이때부터 푸른곰팡이는 거의 사라진다.
재배사 내의 상태를 축축하게 관리하며, 관수 후 나무가 좀 마르면 관수한다.

별로 마르지 않았는데 축축한 상태에서 관수하는 것은 곤란하다.
어느 정도 마르고 난 뒤 관수하도록 한다.
과다관수는 버섯의 성장을 방해하며, 관수간격을 너무 길게 하면 자라던 버섯이 말라붙게 되며, 색깔이 고동색이나 진한 고동색, 더 심하면 검은 쪽에 가까운 색으로 변하게 된다.
관수 간격을 적당히 하여 버섯이 계속 노란 상태를 유지하며 성장시키는 것이 중요하다.

재배사가 너무 밝으면 종균은 잘 배양되고 싹은 잘 나오나 자칫 조심하지 않으면 나온 싹이 말라붙는다.
그리고 이쁜 모양이 형성되지 않는다.
싹이 어느 정도 나오면 35% 차광막 1벌을 더 덮는 것을 고려하여 조도를 맞춰준다.

차광막을 어느 때 어느 정도로 덮느냐는 것은 상황버섯 재배에서 핵심 기술 중 하나이다.

공중재배는 관수 시작 전부터 이미 종목 밑에 누렇게 종균이 형성되어 있지만 지면재배는 관수 시작 후 대개 15~20일 정도면 싹이 나온다.

🚨 버섯이 발생할 때는 가능하면 환기를 시키지 말고 재배사 내의 온도가 높을 때만 환기를 시킨다.

싹이 나와 자랄 때 온도를 좀 낮추면 갓이 잘 형성되며, 버섯이 이쁜 모양으로 자란다.

그리고 돋아난 싹이 말라붙지 않도록 자주 조금씩 관수한다.

싹이 많이 나오고 노란 색깔을 유지하면서 모양을 계속 좋게 만들어 나간다.

🚨 싹이 나오기 시작하면 앞, 뒤나 측면 환기구보다 천정 환기구로 환기시키는 것이 버섯이 훨씬 더 잘 자라는 것을 실제 재배하면서 실험하고 경험한 것이다.

단, 공중재배(지상재배)는 종목의 상태에 따라 측면 환기구도 잘 조절해야 함은 앞서 설명한 바 있다.

버섯 발생 시에는 원목이 축축하게 되도록 적당한 습도를 유지해 주어야 한다.

수분이 부족할 때 땅바닥과 닿은 부분에 버섯이 발생하여 버섯 속에 흙이 스며들게 되거나, 버섯이 드문드문 튀어나오게 되므로 품질이 떨어지게 된다.

또한, 성장 시 수분이 부족하면 아예 버섯이 성장을 멈추고 딱딱하게 말라버리게 된다.

반면 원목 전체가 너무 젖어 있을 경우 버섯의 모양이 볼품없이 자라게 된다.

🔔 관리를 잘못하여 수분이 부족할 때 땅바닥과 닿은 부분에 버섯이 발생하고 종목 윗부분은 발생하지 않는 경우가 있다.

또한, 관리를 잘하더라도 수분이 맞지 않는 곳에 심긴 종목은 땅바닥과 닿은 부분에 버섯이 발생한다.

이런 종목은 뒤집어 심는다. 그러면 시간이 지나면 버섯이 스스로 상하를 바꾸어 정상적인 버섯 모양으로 되돌아간다.

이제까지 종목을 심어 싹틔우기까지의 과정을 설명했다.

상황버섯은 우량종목을 만들어 싹을 잘 틔웠다면 거의 성공한 셈이다.

지금부터 관리만 잘한다면 여러 해에 걸쳐 몇 번 품질 좋은 버섯을 수확할 수 있다.

상황버섯 재배에서 이 부분은 대단히 중요한 점이기 때문에 다시 강조한다.

⑫ 지면재배 핵심기술 정리

❶ 종목을 잘 긁어 1/3 정도 심고 속배양 기간을 거친 뒤 1시간 이상 재배사 내 바닥에 물이 흥건히 흐르고 심긴 종목의 밑 부분까지 물이 닿도록 관수를 한다.

❷ 이튿날 많은 푸른곰팡이가 핀다.
그러나 무시하고 종목이 어느 정도 '마르면 관수하고, 마르면 관수하고'를 반복하여 종목 전체가 누른 색깔을 띠며 종목의 세력을 계속 강한 상태로 유지하면 푸른곰팡이는 사라지고 노란 물방울 같은 싹이 종목 군데군데 나오게 된다.

❸ 재배사를 후덥지근하게 유지하면서 꾸준히 관수하면 노란 물방울 같은 싹이 한곳으로 뭉치면서 소 혓바닥 같은 모양으로 자라게 된다.

❹ 종목을 축축하게 유지하여, 싹이 나서 자라는 버섯이 말라붙지 않도록 하고 싹이 난 후 재배사 내의 온도가 32~33℃를 넘으면 천정 환기구로 즉시 환기를 한다.

❺ 싹이 1/3에서 절반 정도 나오면 온도 및 습도를 좀 낮춘다.
35% 차광막으로 조도를 조절해 주고 환기도 시킨다.
온도를 좀 낮추면 버섯 모양이 잘 형성되며, 버섯이 이쁜 모양으로 자란다.
버섯이 잘 자랄 때는 자실체의 색깔이 곱고 가장자리는 노란 개나리색으로 자란다. 자실체란 자라나온 버섯을 가리킨다.

이때는 조건이 잘 맞는 환경이 조성된 것이다.

그러나 온도가 높을 때는 버섯의 색깔이 붉고 점점이 붉은 작은 물방울이 보인다.

붉은 작은 물방울은 환기가 잘 안 될 때도 생기며, 자라나온 버섯에 치명적이므로 즉시 온도를 낮추고 환기를 더 시킨다.

❻ 관수를 시작할 때부터 온도가 35℃ 이상 올라가면 바로 천정 환기구를 여닫아 35℃ 이상 올라가지 않도록 하고 가능하면 30℃ 이하로 떨어지지 않도록 한다.

그러나 날씨가 좋지 않아 온도가 떨어지거나 밤에 온도가 떨어지는 것은 그대로 둔다.

❼ 이후 여러 조건을 잘 맞추면서 관수를 계속하면 단기간에 걸쳐 우량품질의 버섯을 얻을 수 있으며, 잘 관리되어 만들어진 튼튼한 종목은 여러 해를 두고 계속 품질 좋은 버섯을 수확할 수 있다.

참나무 원목을 사용할 경우 통상 3년 정도면 종목의 수명이 다하나 튼튼한 종목을 만들어 잘 관리하면 이보다 훨씬 더 오래 버섯을 수확할 수 있다.

조건을 잘 못 맞추어 부실하게 관리된 종목은 버섯을 생산하기는커녕 당 해에 병충해에 시달리다가 폐목 처리해야 하는 경우가 생길 수 있다.

조건을 잘 맞추어 발생시킨 1년생 버섯

조건이 맞아 잘 자라는 2년생 버섯

조건이 맞아 잘 자라는 3년생 버섯

조건이 맞아 잘 자라는 4년생 버섯

⑬ 싹틔운 버섯 잘 관리하기

그러면 지금부터 싹틔운 버섯을 어떻게 잘 관리할 것인지 알아보기로 하자.

다시 강조하지만, 상황버섯 재배의 필수적인 요소, 네 가지

❶ 온도

❷ 습도

❸ 조도(빛의 밝기)

❹ 환기(이산화탄소와 산소의 농도)를 잘 맞추기 위해 어떻게 할 것인가를 늘 염두에 두어야 한다.

🔔 이 네 가지 중 어느 한 가지라도 맞지 않으면 증상이 곧 나타나며, 그 증상에 대해서는 뒤에서 이유와 대처방법 등을 자세히 알기 쉽게 설명하기로 한다.

먼저 재배의 필수적인 요소, 네 가지를 잘 맞추기 위해서 환경을 조성하는 3가지 방법을 알아보자

그 세 가지는

❶ 관수(온도 및 습도와 밀접한 관련)

❷ 차광(온도 및 습도, 조도와 밀접한 관련)

❸ 환기(온도 및 습도, 이산화탄소, 산소의 농도와 밀접한 관련)가 있다.

지금부터 한 가지씩 자세히 알아보자

통상 5월 중, 하순에 종목을 심어 속배양을 한 뒤 관수를 하여 싹을 틔우게 되므로 지금은 아마도 5월 말이나 6월 어느 때쯤 되었을 것이다.

지금부터는 상황버섯 재배에서 필수적인 요소 네 가지에 특히 주의를 기울여야 한다.

1년 중 재배에 가장 주의를 기울여야 할 시기가 6월에서 8월까지이다.

상황버섯은 고온성 버섯으로 30℃ 가까운 온도에서 잘 자라나 온도가 많이 올라간 상태에서 장시간 끌면 종균이 사멸할 수 있으므로 주의해야 한다.

그러나 낮은 온도에는 별로 신경을 쓰지 않아도 된다.

온도가 20℃ 이하로 떨어지면 성장이 둔화되고 영하로 떨어지면 성장이 멈춘다.

그러므로 겨울에 영하의 날씨가 되면 환기구를 거의 닫거나 조금의 환기가 되도록 조절하면 된다.

그러나 여름철의 고온기에 잠시 방심하면 잘 배양된 종목의 세력을 급격히 약화시킬 수 있다.

햇볕이 강하고 온도가 높으면 수시로 재배사를 드나들면서 여러 점을 체크하고 그에 맞게 조절해 준다.

🔰 특히 상황버섯 재배에서 주의를 기울여야 할 시기는 장마가 끝나고 햇볕이 강하게 내리쬐는 때이다. 통상 7월 어느 시점이 되는데 이때는 신속히 차광을 더 많이 하고, 자주 관수하고, 환기에 주의를 기울여야 한다. 자칫 이 시기의 조그마한 부주의는 농사의

성패를 좌우한다.

이제 싹이 어느 정도 자랐으므로 차광막 35%를 덧씌워 조도를 조절해 주는 것을 고려한다.

좀 늦게 종목작업을 해서 심고 속배양을 하는데 햇볕이 강하고 온도가 많이 올라간다면 버섯의 발생에 관계없이 차광막 35%로 조도를 조절해 준다.

여름철 고온기에는 온도가 높고 이산화탄소의 발생량이 많아지므로 이때부터는 천정 환기구를 몇 개씩 밤낮 열어두고 상태를 살펴가면서 더 열어가고 측면의 환기구도 열어간다.

또한, 여름철 고온기에는 앞, 뒷문이나 창도 여닫아 고온으로 인한 피해를 방지해야 한다. 환기구가 적다면 강제로 환풍을 해야할 때가 생길 수도 있으나, 지면재배는 통상 환기구만 많이 만들면 된다.

관수도 더 자주 많이 할 필요가 있다.

조건을 잘 맞춰 싹이 나와 잘 자라고 있다.

싹이 잘 자라고 있다.
조건을 잘 맞추면 싹이 한군데로 모이면서 이쁜 모양으로 자란다.

🔢 6월에서 8월까지 고온기에 주의할 점

1. 환기를 더 많이 시킨다.

환기의 두 가지 목적은 산소량의 증가와 온도를 떨어뜨리는 것이다. 여름철 고온기에는 더 많은 산소가 필요하고 온도의 변화가 심하므로 환기에 세심한 주의를 기울여야 한다.

환기구를 많이 열어가고 폭염에는 환기구를 모두 연다.

그래도 환기가 부족하면 환기구를 더 단다.

7, 8월에 온도가 높은 날은 천정 환기구를 모두 열고, 폭염에는 앞, 뒤, 옆 환기구도 밤낮 활짝 열어둔다.

🔔 6~8월 어느 시점에 들어 모든 환기구를 다 열었는데도 붉은 물을 흘리는 버섯이 발견되면 환기구를 더 단다.

2. 관수를 더 많이 한다.

버섯의 끝부분(다시 말해서 버섯 자실체의 끝부분)이 계속 노란색깔을 유지하면서 자라도록 노력한다. 관수가 부족하면 노란색에서 고동색으로 바뀌거나 말라붙는다. 그렇게 되지 않도록 관수량과 횟수를 늘려간다.

🔔 관수시기의 결정은 재배사 내의 상태를 보고 결정한다.

그리고 종목이 어느 정도 말랐는지를 보고 결정하는 것도 한 가지 방법이 될 수 있다.

여름철 고온기에 관수와 환기를 많이 하여 버섯이 노랗게 잘 자라고 있다.

관수시설을 할 때 타이머를 달아 일정 시간에 적당량의 관수가 되도록 할 수도 있다.

그러나 이 방법은 여름철 고온기에 자주 많이 관수할 경우, 또는 일시적으로 재배사를 떠나 있을 때, 한시적으로 사용해 볼 수는 있으나 가장 좋은 방법은 재배사를 드나들면서 재배상태를 직접 확인하고 그에 따라 적당량의 관수를 하는 것이 가장 좋은 방법이다.

3. 차광을 더 시킨다.

차광은 비닐(0.08mm)＋카시미론 솜 8온스 한 겹(지역에 따라 4~8온스 한 겹을 더 덮어 조도를 조절할 수도 있다)＋비닐(0.08mm)＋차광막 75% 1벌에 차광막 35%를 적당히 더 덮어 조도를 조절한다.

또 다른 방법으로 비닐(0.08mm) + 비닐(0.08mm) + 차광막 95% 1벌에 차광막 35%를 적당히 더 덮어 조도를 조절한다.

🔔 처음 재배를 시작한다면 카시미론 솜을 사용하고 어느 정도 기술에 자신이 있을 때 비닐과 차광막을 사용해서 재배해 볼 것을 권한다.

그리고 측면은 천정보다 빛이 약하다. 또한, 다른 재배사에 의해 빛이 차단되거나 잡초로 인해 빛의 양이 천정보다 적은 경우가 많으므로 차광막을 말아 올려 적당한 조도를 맞추어 나가야 한다.

🔔 온, 습도계를 달아 두면 관리에 편리하다.
버섯의 전체 상태를 잘 파악할 수 있는 곳에 온, 습도계를 설치한다.
공중재배의 경우 종목이 제일 많이 달린 쪽에, 지면재배의 경우 땅바닥 쪽 버섯의 실제 온도를 파악할 수 있는 곳에 설치한다.

상황버섯 재배에서 필수적인 요소 네 가지
❶ 온도
❷ 습도
❸ 조도(빛의 밝기)
❹ 환기(이산화탄소와 산소의 농도) 중 어느 것이라도 맞지 않으면 증상이 나타나는데 그 증상을 잘 파악하고 그에 맞는 대처방법을 익혀 나가야 한다.

단지 몇 가지만 예를 들자면

버섯의 색깔이 노랗지 못하고 보기 흉한 색깔을 띠거나 시들하면 고온이거나 환기 및 관수부족이다.

버섯이 고동색으로 바뀌거나 잘 자라지 못하고 말라붙으면 조도가 맞지 않거나 관수부족이다.

또한, 과다 관수 때는 잡버섯이 피거나 곰팡이가 핀다.

버섯이 붉은 물을 흘리거나, 맺혀 있으면 고온 및 환기 부족이다.

때로는 이상기온으로 늦은 봄에도 폭염이 올 수 있으며, 한여름에도 저온 현상이 발생할 수 있다.

그러므로 이런 환경의 변화에 신속히 대응하여 재배의 필수적인 요소 4가지를 조절해 나간다.

이제까지 한여름 고온기에 재배하는 방법을 살펴보았다.

요약하자면 한여름 고온기에는 가능하면 자주 재배사를 드나들면서 다음의 조건을 맞추기 위해 노력한다.

❶ 환기를 많이 한다.

❷ 관수를 많이 자주 한다.

❸ 조도를 맞추기 위해 차광막을 더 덮는다.

이 세 가지 정도를 들 수 있는데

다른 주의할 점들로는 여름철에는 잡초가 신속하게 자라 재배사를 가려 조도나 환기에 영향을 줄 수 있으므로 잡초를 자주 제거해 준다.

또한, 벌레나 해충이 왕성하게 활동할 때이므로 자주 재배사를 드나들면서 벌레나 해충의 피해를 입지 않도록 잘 관리하기 위해 노력한다.

🏛 벌레나 해충의 종류와 방제법에 대해서는 뒤에서 상황버섯 병충해 12가지 및 방제법에서 자세히 설명하기로 한다.

이제 8월 중순이 지나면 날씨가 선선해지면서 여러 조건을 달리해 줄 때가 되었다.
가을철 재배법에 대해 지금부터 살펴보자.

⓯ 가을철 재배법

1. 관수

8월 중순이 지나면 점차 관수량과 횟수를 줄여간다.
9월 들면 관수량을 많이 줄여간다.
9월까지는 하루 한, 두 번씩 종목이 젖을 정도로 관수한다.
예를 들면 초순에는 햇볕이 강하면 10~20분 정도 1번 주거나 오전, 오후로 나눠주든지 한다. 중, 하순으로 가면서 5~15분 정도로 줄여간다.

🏛 뽕나무 린테우스 품종을 재배한다면 9월 초순부터 관수를 많이 줄이든지, 환기를 많이 시켜야 흰곰팡이가 피지 않는다.

바우미 종과 같은 양의 관수와 환기를 시킨다면 흰곰팡이가 핀다.
린테우스 종이란 상황버섯의 한 품종을 가리킨다.

10월 들면 관수량을 더 줄여나간다.
날씨에 따라 며칠에 한 번씩 살짝 주어야 할 때도 있다.
11월 초, 중순 경 첫얼음이 얼면 관수를 중단한다.
관수를 중단한 후에는 이듬해 2월 말까지 천정 환기구를 몇 개씩
열어 월동한다.
지면재배는 공중재배와는 달리 가을철부터 이듬해 봄까지 측면 환
기구는 열지 않아도 된다.

2. 조도(빛의 밝기)

8월 말이나 9월 초, 중순경부터 햇볕의 강도가 약해지므로 그에
맞게 차광막 35%를 조절하여 조도를 조절한다.

🏯 햇빛이 종일 비치는 평야이거나 남쪽 지방이라면 차광을 좀 더
해야 할 것이다.

8월 중, 하순 어느 시점부터 앞, 뒤, 측면의 환기구는 서서히 닫아
간다. 천정 환기구는 개수를 줄여가면서 열어 둔다.
9월 들면 천정 환기구를 몇 개씩 닫아간다.
10월 들면 천정 환기구를 더 닫아간다.

가을 들면 여름 못지않게 환기에 주의를 기울여야 한다.

적당한 환기가 되고, 일교차를 크게 해 주어야 포자층이 진하고 버섯이 단단해진다.

10월 들어서도 천정 환기구는 적당히 몇 개씩 열어둔다.

11월 들면 버섯 수확은 마쳤으나 천정 환기구는 다 닫지 말고 몇 개씩 열어두되 개수를 줄인다.

물이 얼 지경이 되면 천정 환기구를 몇 개씩 열고 겨울을 지낸다.

몹시 추우면(재배사 내의 온도가 영하로 떨어질 경우) 천정 환기구를 모두 닫는다.

정상적인 겨울 날씨면 천정 환기구를 몇 개씩 열어 둔다.

🍄 겨울철에도 눈이나 비가 와서 습기가 많은 날씨가 지속되면 천정 환기구를 몇 개씩 열어 환기를 시킨다.

🔟 수확

1. 수확 시기

상황버섯 수확은 연중 어느 때에든지 할 수 있으나 대개 가을에 수확하고, 지면재배 방식은 2년 차가 될 때부터 수확하고, 공중재배 방식은 1년 차부터 수확하며, 1년에 두 번 수확할 수도 있다.

그러나 상황버섯 농사에서 아마 가장 마음에 갈등이 생기는 부분이 수확 시기일 것이다.

'가을이 되면 그냥 수확하면 되지'라고 생각하기 쉽지만 직접 농사를 지어보면 그렇지 않다.

10월에 접어들면 며칠에 한 번씩 관수를 해도 버섯이 잘 자라고 색깔도 상당히 이쁘다.

또한, 10월에는 일교차가 크기 때문에 포자층이 진하게 형성되고 버섯이 단단해진다.

그러므로 무게가 많이 나가게 버섯 속이 영그는 것도 대개 9월 말에서 첫얼음이 어는 11월 초, 중순 경까지이다.

다시 말해서 9월 중순 경까지는 버섯이 외형적으로 자라는 시기였다면 이제부터는 속이 차서 무게가 나가게 되는 시기인 것이다.

그래서 이론상으로 11월 중순 이후에 버섯을 수확하는 것이 가장 많이 수확하는 것으로 생각하기 쉽다. 실제로 그때 수확해보면 가장 많은 양을 수확할 수는 있다.

그러나 여기에는 여러 가지 고려해야 할 요소가 있다.

먼저 성장이 멈추는 시기인 11월 중순 정도가 되면 버섯의 색깔이 노란색에서 고동색으로 바뀌어 이쁘지 않다.

또한, 날씨가 추워져 작업이 만만치 않다.

관수를 거의 하지 않은 상태이므로 버섯이 많이 말라 나무에서 떼어내거나 손질하기가 쉽지 않다.

그리고 10월 중순 경까지 물기를 머금고 있어 나무에서 버섯만 잘 떨어져 나왔으나 나무와 같이 떨어지는 경우가 많다.

그러므로 영리나 다수확을 생각한다면 성장이 멈춘 11월 초, 중순 경이 수확의 적기라고 생각되지만 앞서 말한 여러 가지 요소를 고려할 때 수확의 적기는 10월 초, 중순 경이었다.

물론 지역이나 날씨에 따라 다르겠지만 10월에는 버섯 수확을 마치는 것이 합리적이라 생각된다.

🍄 영남알프스 상황버섯농장에서는 지금까지도 매년 수확 시기를 달리하면서 갈등하는 것이 사실이다.
그러나 최근에는 인부를 구하기가 쉽지 않아 인부들의 일정에 맞춰 작업해야 하는 어려움도 있다.

2. 수확하는 도구

지면재배는 버섯이 종목 옆에 달리고 수확하는 면이 둥글게 되어 있으므로 일상생활에서 많이 사용하는 긴 나무 자루가 달린 둥근 삽의 끝부분을 전동 그라인드로 날카롭게 갈아서 수확하면 한결 편하고 힘이 적게 든다.
서서 종목을 밟고 버섯을 수확할 수 있을 정도의 긴 자루면 힘도 적게 들고 편하게 작업할 수 있다.

그 외 소량의 버섯을 수확한다면 전체가 쇠로 된 작은 삽이나 부엌용 칼 등의 도구들도 사용할 수 있다.

3. 수확하는 방법

지면재배는 땅에 묻혀 있는 종목에 버섯이 옆 부분에 달려 있으므로 종목을 발로 밟고 삽의 예리한 끝부분으로 버섯을 수확하면 된다.

나무에서 버섯만 잘 수확했다.
나무가 같이 떨어지지 않도록 조심해서 수확한다.
수확한 버섯에 포자층이 진하게 형성되어 있다.

수확 후 정리한 모습
수확 후 종목의 수명이 다했다면 들어내고 이듬해 종목을 심을 때까지 환기
구를 모두 열어 자연적으로 소독이 되게 한다.

한 번에 버섯을 따내려 하지 말고 삽으로 여러 번 버섯과 나무를 분리하여 서서히 수확하여야 나무가 상하지 않는다.

주의할 점은 버섯이 눌어붙어 있고 잘 떨어지지 않는 버섯을 억지로 수확하다 보면 넘어져 안전사고의 위험이 크므로 중앙통로 안전한 곳으로 옮긴 다음 발로 안전하게 밟고 천천히 수확한다.
또 한 가지 주의할 점은 종목을 발로 밟고 수확하다 보면 삽의 예리한 끝부분이 엄지발가락을 다치게 할 수 있으므로 튼튼한 안전화를 신고 수확하면 안전하다.

그리고 짧은 칼과 같은 도구를 사용하면 조금의 버섯은 쉽게 수확할 수는 있으나 많이 수확하다 보면 손목과 관절, 허리에 무리가 가므로 피하는 것이 좋다.

4. 수확한 버섯 건조하기

소량의 버섯을 수확하였다면 그물망이나 대나무 소쿠리 같은 곳에 담아 통풍이 잘되는 그늘에서 10~15일 정도 말린다.

많은 양이라면 건조기를 사용하여 40~50℃ 정도로 10~15시간 정도 건조하면 된다. 건조된 버섯은 통풍이 잘되고 그늘진 곳에 여러 해 보관이 가능하다.

🔲 겨울철 관리

11월 초, 중순 경 첫얼음이 얼면 관수를 중단한다.

관수 중단 후 물탱크의 물을 모두 빼내고 청소한 다음 말린다.

관정과 모터 옆에 달린 필터들을 빼서 청소한다.

배수 밸브는 모두 열고 배수 노즐이나 모터 노즐로 물을 모두 뺀 다음 모터나 관수 파이프 내에 물이 남아 있지 않도록 한다.

관수 파이프나 모터에 물이 남아 있을 경우, 이듬해 관수를 시작할 때 여기저기서 물이 터져 나와 어려움을 겪는다.

관수 파이프에 물이 남아 있을 만한 부분은 들어서 물을 빼고 그렇지 못할 경우, 배수 밸브를 달아 물을 빼낸다.

특히 노출된 지상 모터의 경우 배수 밸브가 있으므로 꼭 확인해서 모터 내에 겨우내 물이 남아 있지 않도록 한다. 모터의 배수 밸브는 통상 위, 아래 두 개이므로 주의해서 열어 배수한다.

만일 물을 빼지 않으면 겨울에 모터가 얼어서 터지거나 갈라진다. 부득이 물이 들어 있어야 하는 관수파이프는 보온재로 충분히 얼지 않도록 보온한다.

관수노즐을 모두 빼서 청소하여 잘 말려 비닐에 싸서 따뜻한 곳에 보관하고 환기구는 몇 개씩 열어두고 겨울을 지낸다.

🛕 관수노즐을 청소할 때 콤프레샤로 불어보면 잘 돌지 않는 것이 있다. 이물질이 낀 것이다. 바늘로 이물질을 제거한다.

정상적인 겨울 날씨면 환기구를 몇 개씩 열어두어 월동한다.

한겨울에 물이 얼어 몹시 추울 경우 재배사 내의 온도가 영하로 떨어지면 환기구를 모두 닫는다.

겨울철에도 눈이나 비가 와서 습기가 많은 날씨가 지속되면 환기구를 몇 개씩 열어 환기를 시킨다.

상황버섯은 관리만 잘하면 원목의 수명이 다할 때까지 계속 자랄 수 있으며, 버섯을 수확할 수 있다.

동절기에는 정지되었다가 이듬해 봄 4월경부터 다시 자라며 이때 색깔은 자라나오는 부분은 노란색으로 자라며 지난해 자란 부분은 점차 진한 고동색으로 변해 간다.

동절기에는 건조하고 기온이 떨어진 상태로 두는 것이 이듬해 버섯이 잘 자라는 데 도움이 된다.

🔢 원목지면재배 기존 재배하던 버섯 관리하기

원목지면재배는 종목을 잘 배양하여 우량종목으로 관리한다면 여러 해를 두고 수확할 수 있다. 그러면 작년이나 그 전해에 심어 싹을 틔워 잘 자라고 있는 버섯을 어떻게 관리할 것인지 알아보자.

이제까지 나무를 베어 종목을 배양하고 배양한 종목을 심고 속배양하고 관리하는 방법을 알아보았는데 기존 재배하던 종목도 속배양이 필요하다.

그러나 방법은 좀 다른데 지금부터 알아보자.

❶ 작년 수확 후 천정 환기구만 몇 개씩 열어두었을 것이다.

2월 말까지 그렇게 지내다가 3월이 되면 모든 환기구를 다 닫는다.

대략 4월 초, 중순에 관수를 시작할 때까지 재배사 내의 온도를 올려 종목 속의 종균을 활성화한다.

❷ 배양한 종목은 심고 속배양 기간으로 5~15일을 지냈지만 재배해 왔던 종목은 환기구를 모두 닫고 한 달 이상 지낸다.

🏺 대단히 중요한 내용이므로 이 과정을 꼭 거칠 것을 권한다. 새로 심는 종목이 속배양을 거쳐야 우량종목이 되듯이 재배해 왔던 종목은 이 과정을 거쳐야 튼튼한 버섯을 계속 생산할 수 있다.

이 과정을 거치지 않고 4월 초, 중순 경 환기구를 닫고 바로 관수를 하면 종목의 약화를 초래하여 병충해에 시달리게 되기 쉽다.

이제 지역이나 날씨에 따라 4월 초, 중순이 되면 관수를 하지 않아도 종목에 노란 종균이 피어나며 종목이 누렇게 변해가는 것을 볼 수 있다.

그러면 관수할 시기가 되었다는 신호를 보내는 것이다.

처음 관수는 재배사 내의 상태가 많이 건조하므로 1시간 이상 재배사 내의 바닥에 흥건히 물이 흘러내릴 정도로 많이 관수한다.

2~3일이 지나면 재배사 내의 상태가 건조해지고 종목이 마른다.

그러면 다시 종목이 축축할 정도로 관수한다.

이제 날씨나 온도에 따라 1~2일, 또는 햇볕이 강하다면 매일 10~20분 정도를 하루에 한 번, 또는 오전, 오후로 나누어 관수한다.

요약하여 다시 정리하면

기존 재배해 왔던 버섯은 3월이 되면 모든 환기구를 다 닫아 종목 속 종균을 활성화하고 4월 초, 중순에 종목에 노란 종균이 배어 나올 때 관수를 시작한다. 처음에는 관수를 많이 하고 날씨에 따라 관수량을 늘려간다. 종목을 많이 말리지 않고 축축한 상태를 유지해야 버섯이 계속 노란 상태를 유지하며 잘 자라게 된다.

여름철 고온기에는 차광을 더하고 관수량과 환기를 늘려야 한다. 이후의 재배법은 새로 종목을 심어 싹을 틔워 재배하는 방법과 동일하다.

뽕나무 린테우스 품종
버섯 끝부분이 노랗게 되어 관수시작 신호를 알린다.

참나무 바우미 품종
버섯 끝부분이 노랗게 되어 관수할 시기가 되었다.

뽕나무 린테우스 품종
수확한 자리에 버섯이 노랗게 자라기 시작한다.
관수시기가 되었다는 신호이다

9장 재배의 필수적인 요소와 핵심적인 요소의 요점정리

지금까지 상황버섯의 두 가지 인공재배방법에 대해 자세히 살펴보았다.

그러면 이제 서두에서 언급하였던 상황버섯 재배에서 꼭 필수적인 요소 4가지와 재배에서 성공할 수 있는 핵심적인 요소 4가지를 지금까지 설명한 점들과 관련하여 요약하여 정리하기로 하자.

상황버섯 재배에서 필수적인 요소는 다음의 네 가지이다.

❶ 온도

❷ 습도

❸ 조도(빛의 밝기)

❹ 환기(이산화탄소와 산소의 농도)

그리고 재배에서 성공할 수 있는 핵심적인 요소 4가지는

❶ 우량종목의 배양

❷ 종목 속 균의 활성화

❸ 건강하고 튼튼한 싹 틔우기

❹ 건강한 싹이 잘 자라도록 관리하기

로 요약할 수 있는데 이 점을 잘 실행하기 위해서는 재배사의 온도, 습도, 조도, 이산화탄소, 산소 등을 잘 맞춰 관리하는 것이다.

상황버섯 재배는 외형적으로는 단순히 물을 주어 버섯을 키워나가는 것이지만 실제적으로는 핵심적인 여러 조건을 어떻게 조화롭게 잘 맞추어 나갈 것인가 하는 점이라고 할 수 있다.

음악에서 오케스트라가 성공적인 작품을 산출하기 위해서는 지휘자의 지휘 아래 일사불란하게 조화를 이루어야 하듯, 우량버섯을 수확하기 위해서는 농부가 필수적이고 핵심적인 요건들을 빈틈없이 조화롭게 맞추어 나갈 때 가능한 것이다.

상황버섯은 고온 다습한 조건을 만들어 주어야 잘 자란다. 버섯이 발생하기 위해서는 30℃를 조금 웃도는 온도와 은은한 산광이 필요하다.

버섯이 발생하면 관수량을 늘리고 적당한 실내 습도를 유지하며 온도는 30℃ 가까이 유지한다.

이후의 재배방법은 앞서 설명하였지만, 뒤에서도 여러 방법으로 자세히 설명하겠다. 그러면 실제적인 방법으로 관수, 차광, 환기로 나누어 중요한 부분을 자세히 설명하면서 앞서 말한 필수적인 요소와 핵심적인 요소를 요약하여 정리하고 다음으로 넘어가기로 하자.

조건이 맞아 포자층이 잘 형성되면서 버섯이 두껍게 자라고 있다.

포자층이 잘 형성되고 버섯이 두껍게 자라고 있다.
튼튼한 종목이다.

조건이 맞는 버섯.
성장이 멈춘 시기이나 조건이 맞아 포자층이 잘 형성되어 있다.

조건이 맞는 버섯.
4년생 버섯이나 조건이 맞아 갓이 잘 형성되어 있다.

조건이 맞는 버섯.
조건이 맞아 갓과 포자층이 잘 형성되어 있다.

1 관수

관수는 상황버섯 재배의 필수적인 요소 4가지 중 온도 및 습도와 밀접한
관련이 있다.

관수가 정상적으로 되지 않을 때 나타나는 현상으로는 버섯이 돋
아나지 않거나, 돋아났더라도 자라지 않고 말라붙거나 포자층이
형성되지 않거나 버섯 색깔이 검게 변하거나 곰팡이가 피는 등 여
러 가지 현상이 나타난다.
또한, 관수가 과다할 때 곰팡이를 비롯한 잡 버섯이 피며 종목
자체의 색깔이 누른 종균이 배어 나온 건강한 색깔을 유지하지
못하고 검게 변한다.

또한, 버섯의 갓이 정상적으로 형성되지 못하여 기형의 버섯이 나타나는 등의 현상도 나타나므로 종목을 심을 때부터 수확 때까지 관수에 늘 주의를 기울여야 한다.

관수도 두 가지로 나눌 수 있다.
싹틔운 버섯과 기존 재배하는 버섯에 어떻게 관수 할 것인가 하는 점이다.

1. 싹틔운 버섯

앞서 싹틔울 때까지의 관수를 설명했다.
통상 상황버섯은 5, 6월 어느 시점에 싹을 틔우게 되므로 싹이 난 이후부터 기존 키우던 버섯과 동일하게 관수하면 된다.

2. 기존 키우던 버섯

4월 초, 중순 경 물을 주지 않아도 종목에 노란종균이 배어 나오면 관수를 시작할 시기가 된 것이다.
지난해 11월 어느 시점에 관수를 중단했으므로 재배사 안에는 상당히 건조한 상태가 되어있을 것이다.
그러므로 처음 관수를 시작할 때는 바닥에 물이 흥건할 정도로 많이 관수한다.

🏮 매년 관수를 시작할 때 처음에 노즐을 끼우지 말고 물살이 세게 잠시 나가게 관수해서 녹물이나 찌꺼기를 관에서 모두 빼낸 후

노즐을 끼워서 관수한다.

이후 재배사 내의 상태가 조금 건조할 때까지 기다렸다가 다시 관수한다.

관수를 시작하면 맑은 날은 거의 매일 적당히 관수, 양을 조금씩 늘려나간다.

흐리거나 비가 오면 관수를 중단한다.

4월에 관수를 시작하면 맑으면 거의 매일 조금씩이라도 관수한다.

단, 온도가 어느 정도 높아야 하고 흐리거나 비가 오면 중단한다.

상황버섯의 성장 최적 온도는 30℃ 가까운 온도이므로 그에 맞춰 관수한다.

흐린 날이 계속되더라도 온도가 올라가 재배사 내의 상태가 건조하면 적당히 관수한다.

🔔 재배사 내의 상태를 가늠하는 척도는 여러 가지가 있으나 한 가지 방법은 종목이 어느 정도 마른가를 보는 것이다.

5월부터 관수량을 늘려간다.

하루에 15~30분 정도를 한 번에 주든지 나누어 주든지 한다.

🔔 시간을 표시해 두지만 쉽게 이해하도록 참고사항일 뿐, 재배사 내의 건조 상태, 노즐의 수, 수압의 세기, 지역, 날씨나 일조량 등에 따라 최적의 조건을 점차 터득해 나가야 한다.

날씨가 맑고 온도가 올라가면 하루 두세 번도 줘야 할 것이다.

한여름에는 하루 몇 번이라도 관수하여 나무가 마르지 않도록 하고, 버섯이 계속 노란 상태를 유지하도록 한다.

🏺 관수는 온도가 높을 때 낮추는 역할도 한다.

한여름에 온도가 높고, 버섯이 신속히 마르면 먼저 조금씩(3~5분씩) 전체 재배사에 관수하고, 다시 적당량 관수할 수도 있다.

특히 40℃ 가까이 장시간 올려 종목이 고사하는 일이 없도록 환기와 관수에 주의를 기울인다.

단, 종목을 심고 난 뒤나 봄, 가을에 과다 관수할 경우에는 산소가 부족하여 균사 성장이 늦어질 뿐 아니라 버섯 발생이 불량해진다.

다시 말해서 바닥에 물이 흥건히 고여 오래 있거나, 너무 습한 상태로 장시간 있는 것을 말한다.

잠시 물이 흥건히 고였다가 빠지는 것은 무관하다.

그러나 한여름에는 많이 관수해도 물이 금방 빠지거나 마르므로 상관없다.

장마철이 되면 관수를 중단하든지 덜해야 한다.

여름으로 갈수록 관수량을 늘리고 횟수도 늘려간다.

6월 어느 시점부터는 온도가 많이 올라가고 자주 마르므로 하루 몇 번이라도 나무가 마르면 관수한다.

관수량을 늘리고 횟수도 늘려간다.

8월 중순이 지나면 점차 관수량과 횟수를 줄여간다.

9월 들면 관수량을 많이 줄여간다.

9월까지는 하루 두 번씩 살짝 관수하거나 초순에는 10~15분 정도 한번 주거나 중,하순으로 가면서 5~10분으로 줄여간다.

🏺 뽕나무 린테우스 품종을 재배한다면 9월 초순부터 관수를 많이 줄이든지, 환기를 많이 시켜야 흰곰팡이가 피지 않는다.

바우미 품종과 같은 양의 관수와 환기를 시킨다면 흰곰팡이가 핀다.

린테우스 품종이란 상황버섯의 한 품종을 가리킨다.

10월 들면 관수량을 더 줄여나간다.

11월 초, 중순 경 첫얼음이 얼 때 관수를 중단한다.

2 차광

차광은 온도 및 습도, 조도와 밀접한 관련이 있다.

상황버섯은 빛을 좋아하는 균류이나 직사광선을 쬐면 안 되며, 은은한 산광을 필요로 한다.

차광이 잘 맞지 않을 때 나타나는 현상으로는 싹이 발생하지 않거나, 자라지 못하며, 버섯이 말라붙거나, 포자층이 형성되지 않거나, 버섯 색깔이 검게 변하거나 곰팡이가 피며, 버섯의 갓이 정상적으로 형성되지 못하는 등의 현상이 나타난다.

차광을 너무 많이 시키면, 다시 말해서 재배사 안이 너무 어두우면 종목 자체의 색깔이 누른 종균이 배어 나온 건강한 색깔을 유

지하지 못하고 검게 변하며, 싹이 발생하지 않는다. 또한, 지나치
게 어두우면 포자층이 형성되지 못하고 노란 가루가 날려 바닥이
온통 노란 가루로 뒤덮이게 된다. 곰팡이도 많이 핀다.

그러므로 종목을 심을 때부터 수확 때까지 그리고 겨울철 동면기
에도 차광에 늘 주의를 기울여야 한다.

한 가지 실례를 들자면 버섯이 한창 자랄 시기인 5월 중, 하순에
차광막을 여러 겹 덮어 재배사를 어둡게 하여 재배해 보았다.
싹이 발생하지 못하였고 또한 기존 자라던 버섯이 정상적으로 자라
지 못하고 포자가 재배사 내에 온통 날려 노랗게 땅바닥을 덮었다.
차광막을 정상적으로 덮어주자 싹도 잘 나오고, 자라던 버섯도 잘
성장하였다.
또 차광막을 아주 얇게 덮어 재배사를 밝게 하여 재배해 보았다.
밝으면 종목에서 싹은 잘 발생하였다. 그러나 나온 싹이 정상적
으로 자라지 못하고 말라붙거나, 자란 버섯도 진한 고동색으로
딱딱하게 말라붙게 되었다. 또 차광막을 정상적으로 덮어주자 잘
자랐다.
그러므로 차광막을 어느 때 어느 정도로 덮느냐는 것은 상황버섯
재배에서 핵심기술 중 하나이다.

어느 해에 차광막을 덮은 실례를 참고로 기록해 둔다.

- 6월 1일(이때는 햇볕이 강하였고 날씨가 더웠음)

  현재 재배사 상태

  차광막 95%+35% 1벌 덮인 곳이 있고 95% 1벌+35% 2벌 덮인 곳 있음. 시험 재배해 봄.

  35% 1벌 덮인 곳은 조금 밝음.

  비닐(0.08mm)+비닐(0.08mm)+차광막 95% 1벌+35% 2벌 덮인 곳이 잘 자람.

버섯을 심을 때부터 싹을 틔울 때, 그리고 성장 시기 및 겨울철 동면기 모두 차광을 달리해 주어야 우량품종의 버섯을 생산할 수 있다.

참고로 많이 유통되는 차광막의 종류를 나열해 둔다.

35%, 55%, 75%, 85%, 90%, 95%, 98%

퍼센트가 낮으면 차광막이 얇고 빛의 투과가 많으며, 두꺼울수록 정반대다.

98%까지 차광 되는 종류도 근래에 판매되고 있으며 색깔도 다양해지고 더 질기고 오래가는 차광막도 나와 있다.

상황버섯은 빛에 대단히 민감한 균류이므로 버섯이 성장하는 데 맞게 차광을 잘해나가는 것은 상황버섯을 재배하는 핵심기술 중 하나이다.

차광막을 한 벌 더 덮거나 벗기면 며칠 지나지 않아 바로 버섯 성장의 상태를 눈으로 확인할 수 있다.

버섯 색깔과 자라는 상태를 바로 확인 가능한 것이다.

🔔 이 책에서는 경북 청도 지방에 맞게 기술해 두지만, 산속 일조량이 적은 곳이나 종일 햇빛이 강하게 비치는 곳이라면 차광을 달리 해 주어야 할 것이다.

③ 환기

환기는 온도 및 습도, 이산화탄소, 산소의 농도와 밀접한 관련이 있다.
상황버섯은 고온성 및 통기성 균류이므로 날씨 및 계절에 따라 적당하게 환기를 시켜주어야 잘 자랄 수 있다.

🔔 환기가 잘 맞지 않을 때 나타나는 현상으로는 싹이 발생 되지 않거나 각종 곰팡이가 극성을 부리거나 붉은 물을 흘리면서 썩거나, 포자층이 형성되지 않거나, 버섯의 갓이 정상적으로 형성되지 못하고 이쁘게 자라지 못하는 등의 현상이 나타나므로 종목을 심을 때부터 수확 때까지 그리고 겨울철 동면기에도 환기에 늘 주의를 기울여야 한다.

기존 재배하던 버섯은 3월 들어 온도를 올려 속배양 한 뒤 4월 초, 중순 경 관수를 시작할 때까지 모든 환기구를 다 닫는다.
물론 때때로 습도가 너무 높거나 온도가 많이 올라간다면 환기를 시켜야 한다.
새로 심은 버섯이라면 싹이 날 때까지 온도가 높은 경우를 제외하고 속배양 기간 중 가능하면 모든 환기구를 다 닫아 둔다.

그러나 싹이 어느 정도 나오면 환기를 서서히 시킨다.

환기가 잘 되어야 싹이 여러 군데 났더라도 한곳으로 뭉치게 된다.

싹이 나오면 이산화탄소가 많이 발생하고 산소가 부족하므로 적당한 환기가 필요하다.

이때 환기를 게을리하면 싹이 난 버섯이 기형이 되거나 모양이 이상한 버섯으로 성장하며, 포자층이 형성되지 않는다.

결코 환기시키는 것을 게을리해서는 안 된다.

수시로 재배사를 드나들면서 부담 없이 환기를 잘 시켜야 튼튼한 종목과 버섯을 얻을 수 있다.

종목 개수의 1/3이나 절반 정도 싹이 나오면 온, 습도를 좀 낮추면서 환기를 적당히 시켜야 한다.

단, 그 전이라도 나온 싹이 말라붙거나 정상적으로 자라지 못한다면 환기를 시켜야 한다.

5, 6월 어느 시점에 버섯이 어느 정도 자라고 촘촘하면 이산화탄소가 많이 발생하여 산소가 부족하게 되며 환기가 필요하다. 자라는 정도에 따라 적당히 환경에 맞춰 환기구를 신속히 열어가야 한다.

5월 중순이나 6월부터 환기를 적당히 증가시키며 공중재배는 측면 환기에도 주의하여 환기를 시켜야 한다.

6월 들어 날씨나 온도에 따라 환기구를 낮에는 열고 밤에는 닫고 밤에도 온도가 떨어지지 않으면 밤낮 적당히 열어 둔다.

7월 들면 온도가 많이 떨어지지 않는 한, 밤낮 환기구를 많이 열어둔다.

7, 8월에는 환기구를 많이 열고, 폭염에는 더 많은 환기구를 밤낮 열어둔다. 측면의 비닐과 차광막을 말아 올려 환기를 시키거나 환풍기를 가동시킬 수도 있다.

🔔 단, 이 날짜는 경북 청도 지방에서 재배한 경험적인 날짜로 참고용이므로 각 지역의 특성에 맞춰 날짜를 조정해야 할 것이다.

여름이라도 장마철이나 온도가 떨어지면 환기구를 적당히 닫아 온도를 보존한다.
6~8월 어느 시점에 들어 모든 환기구를 다 열었는데도 붉은 물을 흘리는 버섯이 발견되면 환기가 부족한 상태이다. 환기구를 더 만들거나 환풍기를 단다.
8월 중순 지나 어느 시점부터 환기량을 줄여간다.

🔔 특히 상황버섯 재배에서 주의를 기울여야 할 시기는 장마가 끝나고 햇볕이 강하게 내리쬐는 때이다. 통상 7월 어느 시점이 되는데 이때는 신속히 차광을 더 많이 하고, 자주 관수하고, 환기에 주의를 기울여야 한다. 자칫 이 시기의 조그마한 부주의는 농사의 성패를 좌우한다.

자주 강조하지만, 공중재배는 많은 종목이 재배사 내에 있고 이산화탄소의 발생량이 많으므로 천정 환기구와 함께 특히 측면 환기구 개폐에 주의하여야 우량품종의 버섯을 수확할 수 있으며, 계속 종목의 세력을 강하게 유지할 수 있다.

평소에도 재배사 내에 버섯이 자라고 있다면 최소한 1시간 정도 낮 시간에 환기시키는 것이 좋다.

그래야 품질이 좋아지며, 버섯이 이쁘게 자란다.

환기 부족이면 기형의 버섯이 된다.

9월 들면 환기량을 줄여간다.

10월 들면 더 줄인다.

가을 들면 여름 못지않게 환기에 신경을 쓴다.

적당한 환기가 되고, 일교차를 크게 해 주어야 포자층이 진하게 형성되고 버섯이 단단해진다.

10월 들어서도 적당한 환기가 되게 한다.

11월 들면 버섯 수확은 마쳤으나 환기구는 다 닫지 말고 몇 개씩 열어두되 개수를 줄인다.

물이 얼 지경이 되면 환기구를 몇 개씩 열고 겨울을 지낸다.

한겨울에 물이 얼어 몹시 추울 경우, 재배사 내의 온도가 영하로 떨어질 경우 환기구는 다 닫는다.

정상적인 겨울 날씨면 환기구는 몇 개씩 열어둔다.

겨울철에도 눈이나 비가 와서 습기가 많은 날씨가 지속되면 환기구를 몇 개씩 열어 환기를 시킨다.

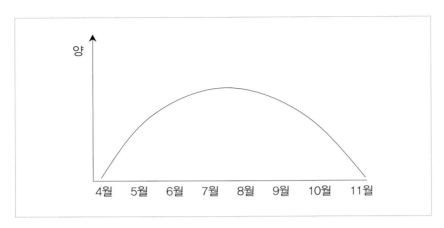

관수, 차광, 환기 그래프
4월경부터 관수, 차광, 환기를 점차 증가시켜 한여름에 최고조에 달하며 이
후 점점 감소시킨다.

10장 1년 버섯재배 요약(새로 배양해서 심는 버섯)

❶ 겨우내 종목을 배양한다.

❷ 5월 초순까지 재배사를 완성한다.

배양된 종목을 심기 전에 재배사 주위의 잡초를 제거하고 배수로를 점검해둔다.

❸ 5월 중, 하순 배양된 종목을 완성된 재배사에 내려놓는다. 재배사의 앞, 뒷문은 열어둔다. 직사광선이 닿지 않게 한다.

❹ 종균껍질을 나무껍질이 상하지 않게 잘 제거하고 종목을 공중에 달거나 심어서 문을 꽉 닫아 속배양한다.

속배양 도중 35℃가 넘어가면 잠시 환기를 시켜 온도를 맞춘다.

❺ 날씨에 따라 5~15일 정도 속배양 한 다음 바닥에 물이 흥건할 정도로 많이 관수한다.

❻ 이튿날 많은 푸른곰팡이가 피나 무시하고 종목이 어느 정도 '마르면 관수하고, 마르면 관수하고'를 반복하여 종목 전체가 누른색깔을 띠며 싹이 나오게 한다. 관수 할 때마다 많이 관수해서 나무 밑 종균이 다 젖도록 한다.

곰팡이가 남아 있더라도 관수하면서 온도를 높이면 곰팡이는 사라진다.

그리고 관수를 시작할 때부터 온도가 35℃ 이상 올라가면 바로 환기시켜 35℃ 이상 올라가지 않도록 하고, 30℃ 이하로 떨어지지 않도록 노력한다. 그러나 날씨가 좋지 않아 온도가 떨어지거나 밤에 온도가 떨어지는 것은 그대로 둔다.

햇볕이 강하면 매일 종목이 젖도록 관수한다.

종목에 노란 종균이 계속 노란 색깔을 유지하도록 관수에 특히 주의를 기울인다.

❼ 공중재배는 종목 밑에 노랗게 버섯이 두껍게 형성되어 갈 것이다. 그리고 지면재배는 노란 물방울 같은 싹이 돋아나오며 종목을 축축하게 유지하면서 재배사 내의 상태를 후덥지근하게 유지하면 물방울 같은 싹이 한 곳으로 뭉치면서 버섯의 형태를 이루어 간다.

❽ 이후 여러 조건을 잘 맞추면서 관수를 계속하면 단기간에 걸쳐 우량품질의 버섯을 얻을 수 있으며, 잘 관리되어 만들어진 튼튼한 종목은 여러 해를 두고 계속 수확할 수 있다.

❾ 이제 버섯의 형태를 이루어가고 1/3~1/2 가까이 버섯이 발생되면 환기를 시키고 35% 차광막으로 조도를 조절해 준다.

🔔 간혹 버섯이 발생 되면서 붉은 물방울이 맺히면 고온 및 환기 부족이므로 잠시 환기를 시킨다.

관수를 자주 하여 자라난 버섯이 말라붙지 않도록 하고 아직 싹이 나오지 않은 종목의 싹이 다 나오게 한다.

몇 개의 종목에서 싹이 나오기 시작하면 연달아 여러 개에서 싹이 나오므로 이때부터는 관수와 온도, 환기에 세심한 주의를 기울여야 한다.

❿ 싹이 거의 다 나오고 버섯의 형태를 이루어가면 이후의 재배법은 기존 키우던 버섯과 같이 재배하면 된다.

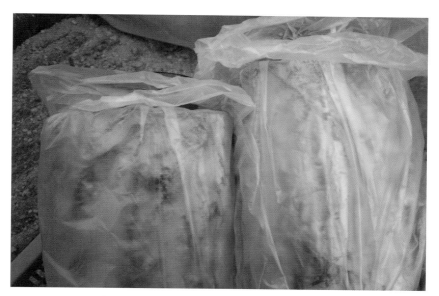

잘 배양되고 있는 종목

봄에 관수를 하지 않아도 버섯이 노랗게 자라면 관수 시작 신호를 보내는 것이다.

관수를 시작한 후 여러 조건을 잘 맞추면 포자층을 형성하며 버섯이 두껍게 잘 자라게 된다.

관수, 차광, 환기 등에 주의를 기울이면 포자층을 형성하며 버섯이 노랗게 잘 자란다.

여러 조건을 잘 맞추면 자라나온 싹들이 한 곳으로 뭉쳐지면서 이쁜 모양을 형성하게 된다.

11장 1년 버섯재배 요약(기존 재배하던 버섯)

❶ 3월 들면 모든 환기구를 다 닫는다.

❷ 4월 초, 중순 경 버섯의 끝부분이 노랗게 자라기 시작하면 관수를 시작한다.

❸ 관수를 시작하면 서서히 관수량을 늘려간다.

❹ 5월 초, 중순 경부터 환기구를 열어가고 35% 차광막도 덧씌워가며 조도를 조절해 준다.

  🔔 평소에도 햇볕의 강약에 따라 수시로 조도를 조절해 주는 것이 좋다.

❺ 6월경부터 온도가 높아지면 낮에는 환기구를 적당히 열고 밤에는 닫는다. 밤에도 온도가 많이 떨어지지 않으면 밤낮 많이 열어둔다.

❻ 7월 들면 환기구를 밤낮 많이 열어둔다.

❼ 7, 8월에는 환기를 더 많이 시키고, 폭염에는 모든 환기구를 열어 밤낮 환기를 시킨다.

물론 온도가 낮거나 비가 오면 환기구를 적당히 조절한다.

좀 마르면 하루 몇 번이라도 관수한다.

특히 온도가 높고, 건조하면 관수와 환기에 주의를 기울여야 한다.

상황버섯의 성장 최적 온도는 30℃ 가까운 온도이다.

하루 몇 번이라도 관수를 하여 온도를 떨어뜨리고 환기를 많이 시킨다.

특히 7월 말이나 8월 초에는 온도가 급격히 오르고 단시간에 버섯이 손상될 수가 있으므로 주의한다.

차광을 더 하고 관수와 환기로 온도를 조절한다.

❽ 8월 중순 경부터 환기량을 서서히 줄여간다.

🔔 날짜를 표시해 두었지만 어디까지나 참고용으로 각 지역의 날씨나 온도, 그해의 상황에 따라 잘 조절해 나가야 한다.
또한, 공중재배는 지면재배보다 관수나 환기가 더 필요하므로 그에 맞춰 관리한다.

❾ 차광은 비닐(0.08mm)＋카시미론 솜 8온스 한 겹(지역에 따라 4~8온스 한 겹을 더 덮어 조도를 조절할 수도 있다)＋비닐 (0.08mm)＋차광막 75% 1벌에 차광막 35%를 적당히 덮어 조도를 맞춰 한여름을 지낸다. 또한 비닐(0.08mm)＋비닐(0.08mm) ＋90~95% 차광막 1벌에 35% 차광막을 적당히 덮을 수도 있다 (카시미론을 넣지 않는 이 방법은 어느 정도 기술에 자신이 있을 때 시도해 볼 것을 권한다)

물론 천정과 측면의 차광을 달리해야 함은 앞서 여러 번 설명한 바 있다.

6월부터 9월까지는 각종 벌레가 활동하는 시기이다.

해충의 피해를 입지 않도록 재배사를 자주 드나들면서 해충이 남긴 자국을 잘 관찰하면서 조치를 취한다.

어떻게 조치를 취할 것인지에 대해서는 뒤에서 상황버섯 병충해 12가지 및 방제법에서 자세히 설명해 두었다.

봄에 버섯을 심기 위해 재배사를 단장하고 있다.

관수 후 잘 자라고 있는 버섯의 모습이다.

관수 후 자라기 시작한 뽕나무 린테우스 버섯이다.

❿ 8월 중, 하순부터 9월 들면 관수량을 줄이고 35% 차광막도 벗겨가며 조도를 조절해 준다.

환기량도 줄여간다.

9월까지는 하루 두 번씩 살짝 관수하거나 초순에는 10~15분 정도 한번 주거나 중하순으로 가면서 5~10분으로 줄여간다.

🔔 뽕나무 린테우스 품종을 재배한다면 9월 초순부터 관수를 많이 줄이든지, 환기를 많이 시켜야 흰곰팡이가 피지 않는다. 바우미 종과 같은 양의 관수와 환기를 시킨다면 흰곰팡이가 핀다. 린테우스 종이란 상황버섯의 한 품종을 가리킨다.

⓫ 10월 들면 환기량과 관수량도 더 줄인다. 35% 차광막도 조절하여 조도를 맞춘다.

가을 들면 관수량을 줄이고 환기에 더 주의를 기울인다. 환기구는 몇 개씩 열어두어 환기를 시킨다.

일교차를 크게 해야 포자층이 진하고 단단하게 형성되며, 튼튼하고 우량 상품의 버섯이 자란다.

⓬ 10월 초, 중순 경부터 수확한다.

달팽이는 봄부터 간혹 발견되지만 10, 11월에도 달팽이가 가끔 발견된다.

달팽이는 상황버섯을 갉아 먹으며 갉아 먹은 표시가 있으므로 주의를 기울이면 쉽게 잡을 수 있다.

⑬ 11월 들면 날씨에 따라 며칠에 한 번씩 짧게 관수하고 환기구는 몇 개씩 열어 둔다.

환기구를 다 닫아서는 안 된다.

11월 초, 중순 경 첫얼음이 얼면 관수를 중단한다.

관수 중단 후 물탱크의 물을 비우고 청소하여 말린다.

배수 밸브는 모두 열고 배수 노즐이나 모터 노즐로 물을 모두 뺀 다음 모터나 관수 파이프 내에 물이 남아 있지 않도록 한다.

관수노즐을 모두 빼서 청소하여 잘 말려 비닐에 싸서 따뜻한 곳에 보관하고 환기구를 조금씩 열어두고 겨울을 지낸다.

한겨울에 물이 얼어 몹시 추울 경우 재배사 내의 온도가 영하로 떨어지면 환기구를 모두 닫는다.

정상적인 겨울 날씨면 환기구는 몇 개씩 열어둔다.

겨울철에도 눈이나 비가 와서 습기가 많은 날씨가 지속되면 환기구를 몇 개씩 열어 환기를 시킨다.

12장 계절별 버섯재배 요약(새로 배양해서 심는 버섯)

1 봄

겨우내 종목을 준비한다.

봄이 되면, 11월에서 이듬해 4~5월까지 배양한 종목을 매달거나 심을 준비를 한다.

5월 초순까지 재배사를 완성한다.

5월 중, 하순 배양된 종목을 완성된 재배사에 내려놓고 긁어 매달거나 심는다.

매달거나 심은 종목을 5~15일 정도 속배양 한다.

2 여름

속배양이 끝나면 아마도 5월 말이나 6월 초순 어느 시점이 될 것이다. 이때 속배양 한 종목에 관수를 시작한다.

처음에는 땅바닥에 물이 흥건할 정도로 많이 관수한다.

이튿날 많은 푸른곰팡이가 피나 무시하고 종목이 어느 정도 '마르면 관수하고, 마르면 관수하고'를 반복하여 종목 전체가 누른 색깔을 띠며 싹이 나오게 한다. 줄 때마다 많이 관수해서 나무 밑 종균이 다 젖도록 한다.

푸른곰팡이가 남아 있더라도 관수하면서 온도를 높이면 푸른곰팡이는 사라진다.

공중재배는 종목 밑에 노랗게 버섯이 자라간다.

지면재배는 노란 물방울 같은 싹이 틔어 나오며 종목을 축축하게 유지하면서 재배사 내의 상태를 후덥지근하게 유지하면 물방울 같은 싹이 한 곳으로 뭉치면서 버섯의 형태를 이루어 간다.

이후 여러 조건을 잘 맞추면서 관수를 계속하면 단기간에 걸쳐 우량품질의 버섯을 얻을 수 있으며, 잘 관리되어 만들어진 튼튼한 종목은 여러 해를 두고 계속 수확할 수 있다.

이제 버섯의 형태를 이루어가고 절반 가까이 버섯이 발생 되면 환기를 시키고 35% 차광막도 덧씌워가며 조도를 조절해 준다.

관수를 자주하여 자라난 버섯이 말라붙지 않도록 하고 아직 싹이 나오지 않은 종목의 싹이 다 나오게 한다.

여름철 고온기에는 관수를 자주 하여 종목이 마르지 않도록 하고, 차광을 더하며, 환기도 많이 시킨다.

5월부터는 흐리거나 비 오는 날만 빼고 거의 매일 관수한다.

하루 15~30분 정도 한 번에 관수하든지 나눠서 하든지 적당하게 종목이 마르지 않도록 한다.

온도도 32~33℃ 넘어가면 낮 몇 시간 동안 환기를 시켜야 한다.

더우면 나무가 조금 축축할 때 다시 관수한다.

나무가 너무 마르고 관수하면 버섯이 나무에 눌러 붙는다.

5월 중순 경부터 온도가 많이 오르면 환기와 관수에 주의를 기울인다.

특히 공중재배는 종목이 층층으로 되어있으므로 측면 환기구를 여닫는 데 늘 주의를 기울여야 한다.

해충이 많이 활동하는 시기이므로 재배사를 자주 드나들면서 해충을 잡아준다.

❸ 가을

8월 중순 경부터 지면재배는 앞, 뒷문, 측면 환기구를 닫아간다. 그러나 천정 환기구는 몇 개씩 계속 열어둔다.

공중재배는 천정 환기구와 함께 측면 환기구를 적당히 열어둔다.

9월 들어 관수량을 줄이고 35% 차광막도 벗겨가며 조도를 조절해준다.

9월까지는 하루 두 번씩 살짝 관수하거나 초순에는 10~15분 정도 1번 주거나 중하순으로 가면서 5~10분으로 줄여간다. 물론 날씨나 온도에 따라 달라진다.

환기량도 줄여간다.

가을 들면 관수량을 줄이고 환기에 더 주의를 기울인다. 그러나 환기구는 몇 개씩 열어 둔다.

일교차를 크게 해야 포자층이 진하고 단단하게 형성되며, 튼튼하고 우량 상품의 버섯이 자란다.

10월 초, 중순 경부터 수확한다.

달팽이는 봄부터 계속 발견되지만 10, 11월에도 달팽이가 가끔 발견된다.

달팽이는 상황버섯을 갉아 먹으며 갉아 먹은 표시가 있으므로 주의를 기울이면 쉽게 잡을 수 있다.

11월 들면 날씨에 따라 며칠에 한 번씩 살짝 관수하고 환기는 조금씩 되게 한다.

환기구를 다 닫아서는 안 된다.

4 겨울

11월 초, 중순 경 첫얼음이 얼면 관수를 중단한다.

관수 중단 후 물탱크의 물을 비우고 청소하여 말린다.

관정과 모터 옆에 달린 필터들을 빼서 청소한다.

배수 밸브는 모두 열고 배수 노즐이나 모터 노즐로 물을 모두 뺀 다음 모터나 관수 파이프 내에 물이 남아 있지 않도록 한다.

관수노즐을 모두 빼서 청소하여 잘 말려 비닐에 싸서 따뜻한 곳에 보관하고 천정 환기구는 몇 개씩 열어두고 겨울을 지낸다.

🔔 관수노즐을 청소할 때 콤프레샤로 불어보면 잘 돌지 않는 것이 있다. 이물질이 낀 것이다. 바늘로 이물질을 제거한다.

한겨울에 물이 얼어 몹시 추울 경우 재배사 내의 온도가 영하로 떨어지면 환기구를 모두 닫는다.

정상적인 겨울 날씨면 환기구는 몇 개씩 열어둔다.

겨울철에도 눈이나 비가 와서 습기가 많은 날씨가 지속되면 환기구를 몇 개씩 열어 환기를 시킨다.

겨울철에 관수나 배수 파이프, 또는 모터 등에 물이 들어 있지 않도록 주의한다.

관수 파이프나 모터에 물이 남아 있을 경우, 이듬해 관수를 시작할 때 여기저기서 물이 터져 나와 어려움을 겪는다.

관수 파이프에 물이 남아 있을 만한 부분은 들어서 물을 빼고 그렇지 못할 경우, 배수 밸브를 달아 물을 빼낸다.

특히 노출된 지상 모터의 경우 배수 밸브가 있으므로 꼭 확인해서 모터 내에 겨우내 물이 남아 있지 않도록 한다. 모터의 배수 밸브는 통상 위, 아래 두 개이므로 주의해서 물을 꼭 배수한다.

만일 물을 빼지 않으면 겨울에 얼어서 모터가 갈라지거나 터진다.

부득이 물이 들어 있어야 하는 관수파이프는 보온재로 충분히 얼지 않도록 보온한다.

봄에 새로 난 싹

새로 난 싹들이 잘 자라고 있다.

새로 난 싹들을 재배사 밖에서 본 모습

새로 난 싹들이 한 곳으로 뭉치면서 버섯의 형태를 이루어간다.

여름으로 접어들면서 버섯이 잘 자라고 있다.

13장 계절별 버섯재배 요약(기존 재배하던 버섯)

1 봄

3월 들면 기존 재배하던 재배사의 모든 환기구를 꼭 닫아 속배양을 시작하여 4월 초, 중순 경까지 한 달 이상 나무속의 기운이 활력을 되찾게 해준다.

물론 도중에 온도가 너무 높거나 습기가 많이 차면 적당히 환기를 시켜야 한다.

4월 초, 중순 경부터 종목에 종균이 누렇게 배어 나오면 관수를 시작한다. 맑으면 거의 매일 관수하여 꾸준히 자라게 한다.

햇살이 강하면 자주 관수하여 종목이 마르지 않도록 하고 햇살이 약하고 흐리면 뜸하게 관수한다.

공중재배는 자주 조금씩 관수해서 종목이 너무 마르지 않도록 한다. 그 외 날씨에 따라 적당히 관수하고, 온도가 많이 오르면 계절과 관계없이 환기를 시킨다.

계절이 아니라 그때, 그때 상황에 잘 대처한다.

여름이라도 시원하면 뜸하게 관수하고, 봄이라도 가물고 온도가 많이 오르면 자주 관수한다.

환기구를 잘 여닫아 환기에 주의를 기울인다.

4월에는 환기구나 문을 열지 않고 관수만 계속한다.

(단, 예외로 32~33℃ 이상 올라가거나 너무 습기가 많으면 한낮에 잠시라도 환기구를 열어 환기를 시켜야 하나 특이한 경우일 것

이다)

5월 들면 관수시간을 점차 늘려 나간다.

맑으면 날씨에 따라 매일 15~30분으로 늘려나간다.

5월 말 정도부터 온도가 많이 오르면 저녁에 관수를 조금씩 하여 밤새 버섯이 마르지 않고 자라게 한다.

32~33℃가 넘으면 언제라도 환기구를 열어 온도를 내린다.

5월 중순 경부터 햇볕의 강도에 따라 35% 차광막을 잘 조절하여 조도를 조절해 준다.

5월에도 폭염이면 한낮에 환기를 많이 시킨다.

밤낮 열어서 환기를 시켜야 할 때도 있을 것이나 드문 경우다.

붉은 물을 흘리는 것이 몇 개 보이면, 온도가 높고, 환기가 부족한 것이다.

환기를 더 많이 시키고, 온도도 떨어뜨린다.

관수를 더 많이 자주 한다.

싹이 난 뒤 적당한 온도를 유지하면 버섯의 모양이 이쁘게 형성된다.

환기 부족 및 고온으로 관리하면 모양이 우글쭈글하고 볼품없다.

차광막을 더 덮고, 환기를 더 시킨다.

관수부족이면 버섯이 나무에 풀칠하듯 달라붙는다.

관수와 환기가 잘 되어야 싹이 여러 군데 났더라도 한곳으로 뭉친다.

싹이 나면 온, 습도를 좀 낮추어야 한다.

수분이 부족하면 곰팡이가 더 핀다.

🔔 자주 강조하지만, 공중재배는 많은 종목이 재배사 내에 있고 이산화탄소 발생량이 많으므로 천정 환기구는 물론, 특히 측면 환기구 개폐에 주의하여야 우량품종의 버섯을 수확할 수 있으며, 계속 종목의 세력을 강하게 유지할 수 있다.

그리고 차광막도 앞서 여러 번 언급하였지만, 천정과 측면의 차광을 달리하여야 한다.
측면으로 빛이 많이 들어 올 수 있도록 얇게 덮어야 한다.

5월부터는 잡초가 많이 자라므로 재배사 안과 밖의 풀과 잡초를 바로 제거하여 차광에 방해가 되지 않도록 조치한다.
단, 재배사 내에 피는 이끼는 습도에 도움이 되므로 그냥 둔다.
6월 들면 관수 시간도 맑으면, 매일 20~30분 정도로 늘려나간다.
맑고, 건조하며 온도가 많이 올라간다면 먼저 조금씩 관수해서 온도를 떨어뜨리고 다음 10~20분 정도 관수한 다음, 오후 3~4시경 다시 10분 정도 관수한다.
저녁에 관수를 적당히 하여 밤새 버섯이 마르지 않고 자라게 한다.
낮에 32~33℃를 넘지 않도록 환기를 한다.

6월 들면 35% 차광막도 덧씌워가며 조도를 조절해 준다.
6월에 버섯이 어느 정도 자라면 산소가 많이 필요하므로 환기구를 점차 열어간다. 이후 온도가 높고 열대야가 되면 밤, 낮 환기를 많이 시킨다.

버섯의 모양을 이쁘게 유지하려면 여름으로 갈수록 관수를 많이,

자주 하고 차광과 환기를 적당히 해야 한다.

환기가 부족하고 고온으로 관리하면 모양이 우글쭈글하고 뭉친다.

적당한 때에 차광막을 덮고 환기를 시키고 관수를 적당하게 한다.

환기가 잘되고 온도가 조금 낮으면서 관수를 자주 적당하게 해 주어야 싹이 군데군데 났더라도 한곳으로 뭉치면서 이쁘게 자란다.

싹이 1/3~절반 정도 나면 환기를 시키고 차광을 더해야 한다.

장마철에는 습도가 높으면 곰팡이가 발생하므로 환기에 주의하고 나무가 건조하면 조금만 관수해서 건조를 막는다.

며칠에 한 번 관수하고 뽕나무는 더 가끔 관수한다.

푸른곰팡이가 많이 났는데 흐린 날이 계속되면 환기를 시키면서 곰팡이를 없애도록 한다. 맑고 더운 날이라면 환기를 많이 해서 곰팡이를 없앨 생각을 하기보다는 관수를 매일 적당히 하면서 온, 습도를 높이면 곰팡이는 사라진다.

6월 들면 환기량을 증가시켜 나간다.

밤에 온도가 떨어지면 낮에는 환기를 시키고, 밤에는 환기구를 닫으나, 밤에 온도가 떨어지지 않으면 밤에도 환기구를 열어 환기를 시킨다. 공중재배는 버섯의 상태를 잘 관찰하여 측면 환기구 개폐에 주의한다.

🔔 시험 재배결과 한여름 모든 환기구를 개폐할 경우가 아니라면 앞, 뒷문을 밤낮 열어두니 문 주위의 버섯이 잘 자라지 않았다.

밤에는 앞, 뒷문이나 앞, 뒤 환기창은 온도가 높지 않으면 닫고 천정 환기구로 환기를 시킨다.

봄에 관수를 하지 않아도 버섯이 자라기 시작할 때의 모습

봄에 관수한 후 버섯이 잘 자라고 있다.

여름에 버섯이 잘 자라고 있다.

여름철에 환경이 잘 맞아 버섯이 잘 자라고 있다.

❷ 여름

여름철에 접어들면 차광을 더해야 한다.

자주 강조하지만, 차광막을 전체에 덮고 측면에는 천정과는 달리 차광막을 가슴높이까지 적당하게 말아 올려 차광을 적게 한다.

여름철 고온기에는 환기를 더 많이 시키고 자주 관수하여 종목이 마르지 않도록 한다.

특히 공중재배는 측면 환기구 개폐에 주의를 기울이고 지면재배보다 더 자주 관수하여 종목이 마르지 않도록 한다.

종목이 재배사에 너무 촘촘하게 많으면, 특히 여름철 관리에 어려움을 겪는다. 기형의 버섯이 발생하거나 병충해가 발생하므로 종목을 적당한 간격으로 띄워서 매달고 아래, 위로도 간격을 적당히 둔다.

특히 여름철에는 붉은 물을 흘리는 종목이 있는지 주의한다.

몇 개라도 보이면, 온도가 높고, 환기가 부족한 것이다.

환기를 더 많이 시키고, 온도도 떨어뜨린다.

관수를 더 많이 자주 한다.

7월 들어 밤에도 온도가 높으면 밤낮 환기를 시킨다.

물론 온도가 많이 떨어지면 그에 따라 적당히 조절한다.

특히 열대야일 때는 환기구를 밤낮 열어 환기를 많이 시킨다. 그래도 붉은 물을 흘리며 잘 자라지 않는 버섯이 보이면 환기구를 더 달거나 환풍기를 가동한다.

측면의 비닐과 차광막을 말아 올리고 내리는 장치를 해서 환기를 시킬 수도 있다.

관수 시간과 양도 점차 늘려간다.

오전, 오후로 적당한 간격으로 자주 관수하여 종목이 마르거나 재배사 내의 상태가 너무 건조하지 않도록 한다.

몹시 건조하고 너무 더우면 하루 몇 번이라도 계속 관수하여 버섯이 마르는 것을 막는다.

온도가 많이 오르면 종목이 푹 젖어 있더라도 곰팡이가 피는 일은 거의 없다.

저녁에 관수를 적당히 하여 밤새 버섯이 마르지 않고 자라게 한다.

8월 들면 7월과 모든 조건이 거의 동일하나 중순이 지나면 온도가 떨어지므로 환기량을 줄여간다. 관수량도 거의 같으나 월말 쪽으로 갈수록 줄여나간다.

여름철에 환경이 맞아 버섯이 잘 자라고 있다

여름철에 관수, 차광, 환기가 잘 되어 갓이 잘 형성되고 모양이 이쁘게 자라고 있다.

여름철에 여러 조건을 잘 맞춰 4년생 버섯이 잘 자라고 있다.

여름철에 잘 자라는 뽕나무 린테우스 버섯

가을에 수확한 후 나온 폐목

3 가을

9월 들면 관수량을 점차 줄여간다. 그러나 맑으면 매일 조금씩 주어야 할 것이다.

환기량도 점차 줄여간다.

8월 중, 하순부터 35% 차광막도 벗겨가며 조도를 조절해 준다.

10월 들면 관수량을 더 줄이고 맑으면 매일 조금씩 주되 관수 시간도 대폭 줄인다.

환기량을 줄이되 적당한 환기가 되게 해야 갓이 잘 형성되고 버섯이 단단해진다.

공중재배는 측면 환기구를 버섯의 상태에 주의하면서 적당히 열어둔다. 10월에는 버섯을 수확한다.

11월 들면 며칠에 한 번씩 관수하고 환기구는 조금만 열어둔다.

4 겨울

11월 초, 중순 경 첫얼음이 얼면 관수를 중단하고, 물탱크를 청소하고 말린다. 모터와 파이프의 배수 밸브를 열어 물을 빼고, 관정과 모터 옆에 달린 필터들을 빼서 청소한다.

보온재로 관정들을 보온한다. 전체 재배사의 관수노즐을 빼서 청소한 뒤 말려 비닐에 싸서 따뜻한 곳에 보관한다.

🔊 관수노즐을 청소할 때 콤프레샤로 불어보면 잘 돌지 않는 것이 있다. 이물질이 낀 것이다. 바늘로 이물질을 제거한다.

모터의 필터들을 잘 청소하여 끼운다.

겨울철에는 조금의 환기만 되게 해서 월동한다.

🔔 상황버섯은 고온성 버섯이나 35℃ 이상이 되면 성장에 문제가 된다. 그러나 온도가 낮은 경우는 영하로 떨어지지 않는 한 문제가 될 것이 없으므로 곰팡이가 피지 않을 정도로 환기를 시키면서 겨울을 지내면 된다.

14장 월별 버섯재배 요약(새로 배양해서 심는 버섯)

1 3월

지난 겨울부터 종목을 계속 배양한다.
튼튼한 종목이 배양되도록 적당한 환경을 맞추기 위해 노력한다.
종목이 잘 배양되는지 매일 점검한다.

재배사를 새로 단장한다.
비닐과 차광막을 교체한다면 주문하고 3월부터 환기구를 모두 열어 자연적으로 소독이 되게 한다.

2 4월

종목이 계속 잘 배양되는지 자주 점검하고 모든 조건을 맞추기 위해 노력한다.
재배사를 새로 지어야 한다면 작업을 시작하고 기존재배사가 있다면 모든 환기구를 열어 자연 환기에 주의한다.
재배사 주위의 잡초가 자라기 시작하므로 연할 때 자주 제거해 준다.

3 5월

5월 초, 중순까지 재배사를 완성한다.

기존 있던 재배사도 5월 초, 중순까지 환기를 잘 시키고 차광막이나 비닐이 낡았다면 교체해서 종목을 긁고 심을 수 있도록 작업해 둔다.

바닥에, 공중재배는 물 빠짐이 좋은 모래나 마사를 10cm 정도 이상 채우고 지면재배는 그보다 더 두껍게 마사토를 채운다.

5월 중, 하순 배양된 종목을 완성된 재배사에 내려놓고 긁어 매달거나 심는다.

긁어 매달거나 심은 종목을 5~15일 정도 속배양한다.

🔔 4월에 종목을 매달거나 심으면 길게 속배양하고, 5월 말이나 6월에 심으면 대략 일주일이나 열흘 정도 속배양 후 관수를 시작한다. 물론 날씨나 환경에 따라 속배양 기간을 달리해야 한다.

4 6월

5월 하순이나 6월 초에 속배양 한 후 관수를 시작한다.

처음 관수할 경우 바닥에 물이 흥건할 정도로 많이 관수한다.

이튿날 많은 푸른곰팡이가 피나 무시하고 종목이 어느 정도 '마르면 관수하고, 마르면 관수하고'를 반복하여 종목 전체가 누른 색깔을 띠며 싹이 나오게 한다. 줄 때마다 많이 관수해서 나무 밑의 종균이 다 젖도록 한다.

곰팡이가 남아 있더라도 관수를 하면서 온도를 높이면 곰팡이는 사라진다.

그리고 관수를 시작할 때부터 온도가 32~33℃ 이상 올라가면 바로 환기시켜 32~33℃ 이상 올라가지 않도록 하고, 30℃ 이하로 떨어지지 않도록 노력한다. 그러나 날씨가 좋지 않아 온도가 떨어지거나 밤에 온도가 떨어지는 것은 그대로 둔다.

햇볕이 강하면 매일 종목이 젖도록 관수한다.

종목에 노란 종균이 계속 노란 색깔을 유지하도록 관수에 특히 주의를 기울인다.

공중재배는 종목 밑에 노랗게 버섯이 두껍게 형성되어 갈 것이다. 그리고 지면재배는 노란 물방울 같은 싹이 틔어 나오며 종목을 축축하게 유지하면서 재배사 내의 상태를 후덥지근하게 유지하면 물방울 같은 싹이 한 곳으로 뭉치면서 버섯의 형태를 이루어 간다.

이후 여러 조건을 잘 맞추면서 관수를 계속하면 단기간에 걸쳐 우량품질의 버섯을 얻을 수 있으며, 잘 관리되어 만들어진 튼튼한 종목은 여러 해를 두고 계속 수확할 수 있다.

이제 버섯의 형태를 이루어가고 절반 가까이 버섯이 발생하면 환기를 시키고 35% 차광막도 덧씌워가며 조도를 조절해 준다.

관수를 자주하여 자라난 버섯이 말라붙지 않도록 하고 아직 싹이 나오지 않은 종목의 싹이 다 나오게 한다.

싹이 거의 다 나오고 버섯의 형태를 이루어가면 이후의 재배법은 기존 키우던 버섯과 같이 재배하면 된다.

봄에 재배사를 단장하고 있다.

모든 조건을 잘 맞추어 버섯이 잘 자라고 있다.

15장 월별 버섯재배 요약(기존 재배하던 버섯)

1 3월

3월 들면 기존 재배하던 재배사의 모든 환기구를 꽉 닫아 속배양을 시작한다. 다시 말해 종목 속의 균을 활성화시킨다.

4월 초, 중순 경 관수를 시작할 때까지 모든 환기구를 다 닫아 한 달 이상 나무속의 기운이 활력을 되찾게 해준다.

🔔 물론, 도중에 온도가 많이 올라가거나 습도가 너무 높다면 잠시라도 환기를 시켜야 한다.

2 4월

기존 재배하던 버섯은 4월 초, 중순 경 종목에 종균이 노랗게 배어 나오고 버섯 끝부분이 노란 색깔이 되면 관수할 시기가 되었다는 신호이다.
날씨가 맑으면 거의 매일 조금씩이라도 관수하여 꾸준히 키워나간다.
관수를 시작한 후부터는 날씨에 따라 흐리거나 비 오는 날만 빼고 매일 5~20분으로 점차 늘려나간다.

햇살이 강하면 자주 관수(매일 10~20분 정도), 햇살이 약하고 흐리면 뜸하게(2~3일에 10~20분 정도)관수한다.

공중재배는 자주 조금씩 관수해서 종목이 마르지 않도록 한다.

그 외 날씨에 따라 적당히 관수하고, 온도가 많이 오르면 계절과 관계없이 환기를 시킨다.

계절이 아니라 그때, 그때 상황에 잘 대처한다.

여름이라도 시원하면 뜸하게 관수하고, 봄이라도 가물고 온도가 많이 오르면 많이 자주 관수한다.

어느 계절 어느 때이건 환기시키는 것에 익숙해지고 온도를 맞추기 위해 노력하고 버섯이 말라붙지 않도록 관수에 주의를 기울여야 한다.

너무 더우면 관수를 15~20분 정도 많이 해서 축축하게 하고 32~33℃ 이상 올리지 않도록 환기를 조절한다.

4월에는 환기는 거의 하지 않고 관수만 계속한다.

단, 예외로 32~33℃ 이상 올라가면 한낮에 잠시라도 환기를 하여 온도를 내려야 하나 드문 경우일 것이다.

❸ 5월

5월 들면 관수시간을 점차 늘려나간다.

맑으면 날씨에 따라 매일 15~30분으로 늘려 나간다.

5월 말 정도가 되고 온도가 많이 오르면 저녁에 관수를 조금씩 하여 밤새 버섯이 마르지 않고 자라게 한다.

32~33℃가 넘으면 언제라도 환기를 하여 온도를 내린다.

낮에는 천정과 측면 환기구를 날씨에 따라 몇 개씩 열어둔다.

몹시 무더운 날씨라면 오전에 전체 재배사에 먼저 조금씩 관수하여 온도를 떨어뜨리고 다시 관수를 시작한다.

밤에도 온도가 떨어지지 않으면 저녁에 관수하여 밤새 젖은 상태에서 성장하도록 한다.

상황버섯 성장적온은 30℃ 가까운 온도라는 것을 항상 기억하자.

5월 중순 경부터 35% 차광막도 덧씌워가며 조도를 조절해 준다.

5월에도 폭염이면 한낮에 환기를 많이 시켜야 한다.

밤낮 환기를 시켜야 할 때도 있을 것이다.

붉은 물을 흘리는 것이 몇 개 보이면, 온도가 높고, 환기가 부족한 것이다.

환기를 더 많이 시키고, 온도도 떨어뜨린다. 관수도 더 많이 자주 한다.

싹이 난 뒤 적당한 온도를 유지하면 버섯이 이쁘게 자란다.

환기가 부족하고 고온으로 관리하면 모양이 우글쭈글하고 뭉친다.

35% 차광막을 잘 조절하여 조도를 맞추는 일에 더 주의를 기울인다.

관수가 부족하면 버섯이 나무에 풀칠하듯 달라붙는다.

관수와 환기가 잘 되어야 싹이 여러 군데 났더라도 한곳으로 뭉친다.

싹이 나면 온, 습도를 좀 낮추어야 한다.

수분이 부족하면 곰팡이가 더 핀다.

🏺 자주 강조하지만, 공중재배는 많은 종목이 재배사 내에 있고 이산화탄소 발생량이 많으므로 측면 환기구 개폐에 주의하여야 우량품질의 버섯을 수확할 수 있으며, 계속 종목의 세력을 강하게 유지할 수 있다.

그리고 차광막도 앞서 여러 번 언급하였지만, 천정과 측면의 차광을 달리하여야 한다.

측면으로 빛이 많이 들어 올 수 있도록 얇게 덮어야 한다. 천정으로 들어오는 빛의 조도에 맞게 측면의 조도를 맞춘다.

5월부터는 잡초가 많이 자라므로 재배사 안과 밖의 풀과 잡초를 바로 제거하여 차광에 방해가 되지 않도록 조치한다.

단, 재배사 내에 피는 이끼는 습도에 도움이 되므로 그냥 둔다.

4 6월

6월 들면 관수 시간도 맑으면, 매일 20~30분 정도로 늘린다.

맑고, 건조하면 10~20분 정도 관수한 다음, 오후 3~4시경 다시 10분 정도 관수한다.

저녁에 관수를 적당히 하여 밤새 버섯이 마르지 않고 자라게 한다.

낮에 32~33℃를 넘지 않도록 환기를 한다.

6월 들면 35% 차광막을 잘 조절하여 조도를 맞추는 일에 더 주의를 기울인다.

6월에 버섯이 어느 정도 자라면 산소가 많이 필요하므로 환기량을 점차 늘려나간다. 온도가 높고 열대야가 되면 밤, 낮 환기를 시킨다.

버섯의 모양을 이쁘게 유지하려면 여름으로 갈수록 관수를 많이, 자주 하고 차광, 환기를 적당히 해야 한다.

환기가 부족하고 고온으로 관리하면 모양이 우글쭈글하고 뭉친다. 적당한 때에 차광을 더하고 환기를 시키고 관수를 많이 한다.

환기가 잘되고 온도가 조금 낮으면서 관수를 자주 많이 해주어야 싹이 군데군데 났더라도 한곳으로 뭉치면서 이쁘게 자란다.

싹이 1/3~절반 이상 나오면 차광, 환기 및 관수에 주의를 기울인다.

장마철에는 환기에 주의한다. 습도가 너무 높으면 곰팡이가 발생하며, 나무가 건조하면 조금이라도 관수한다.

며칠에 한 번 관수하고, 뽕나무는 더 가끔 관수한다.

푸른곰팡이가 많이 났는데 흐린 날이 계속되면 환기를 시키면서 곰팡이를 없애도록 한다.

맑고 더운 날이라면 환기를 너무 많이 해서 곰팡이를 제거할 생각을 하기보다는 관수를 매일 적당히 하면서 온, 습도를 높이면 사라진다.

6월 어느 때부터 환기량을 늘려가고 밤에도 온도가 높으면 환기를 시킨다.

공중재배는 버섯의 상태를 잘 관찰하여 측면 환기구 개폐에 주의한다.

장마철에는 적당한 환기가 되게 하고, 관수는 될 수 있는 대로 자제하고, 건조하면 잠시 종목을 적셔 준다.

여름철에는 해충들의 활동이 왕성한 시기이다.

🔔 이 시기에 활동하는 해충들에 대해서는 뒤에서 상황버섯 병충해 12가지 및 방제법에서 자세히 설명한다.

종목이 재배사 내에 너무 촘촘하게 많으면, 특히 여름철 관리에 어려움을 겪는다. 기형의 버섯이 발생하거나 병충해가 발생하므로 종목을 적당한 간격으로 띄워서 매달고 아래, 위로도 적당한 간격을 둔다.

지면재배는 20cm 정도 띄워서 심는다.

재배사 모서리에서도 한 뼘 정도 띄워서 심는다.

붉은 물을 흘리는 것이 몇 개 보이면, 온도가 높고, 환기가 부족한 것이다.

환기를 더 많이 시키고, 온도도 떨어뜨린다.

관수도 더 많이 자주 한다.

관수 시작 후 조건이 맞아 버섯이 잘 자라고 있다.

4년생 버섯.
조건이 맞아 갓이 잘 형성되어 성장하고 있다.

3년생 버섯.
조건이 맞아 갓이 잘 형성되어 성장하고 있다.

3년생 버섯.
조건이 맞아 갓과 포자층이 잘 형성되고 있다

5 7월

7월 들면 환기량을 많이 늘린다.
그리고 폭염이 지속되면 밤낮 환기량을 늘린다.

🔔 공중재배는 버섯의 상태를 잘 관찰하여 측면 환기구 개폐에 늘 주의를 기울여야 한다.

특히 열대야일 때는 모든 환기구를 밤낮 열어둔다, 그래도 붉은 물을 흘리며 잘 자라지 않는 버섯이 보이면 환기구를 신속히 더 설치하든지 환풍기를 가동한다.
측면의 비닐과 차광막을 말아 올리고 내리는 장치로 환기를 할 수도 있다.

관수시간과 양도 점차 늘려간다.
오전, 오후로 적당한 간격으로 자주 관수하여 종목이 마르거나 재배사 내의 상태가 너무 건조하지 않도록 한다.
몹시 건조하고 너무 더우면 하루 몇 번이라도 계속 관수하여 버섯이 마르는 것을 막는다.

🔔 온도가 많이 오르면 종목이 푹 젖어 있더라도 곰팡이가 피는 일은 거의 없다.

밤에도 온도가 많이 떨어지지 않으면 저녁에 관수를 적당히 하여 밤새 버섯이 마르지 않고 자라게 한다.

붉은 물을 흘리는 것이 몇 개 보이면, 온도가 높고, 환기가 부족한 것이다.

환기를 더 많이 시키고, 온도도 떨어뜨린다. 관수를 더 많이 자주 한다.

⑥ 8월

8월 들면 7월과 모든 조건이 거의 동일하나 온도가 떨어지므로 환기량을 점차 줄여간다. 중순 경부터 35% 차광막도 벗겨가며 조도를 조절해 준다.

관수량도 거의 같으나 월말 쪽으로 갈수록 줄여나간다.

⑦ 9월

9월 들면 관수량을 점차 줄여나간다. 그러나 맑으면 매일 조금씩이라도 주어야 한다.

환기량도 점차 줄여나간다.

9월 들면 35% 차광막을 잘 조절하여 조도를 버섯이 자라는 상태에 맞게 조절해 준다.

8 10월

10월 들면 관수량을 줄이되 맑으면 매일 조금씩 주고 관수 시간을 대폭 줄인다. 환기량도 더 줄여간다.

그러나 적당한 환기가 되어야 갓이 잘 형성되고 버섯이 단단해진다. 35% 차광막을 잘 조절하여 조도를 맞춘다.

9 11월

11월 들면 며칠에 한 번씩 살짝 관수하고 환기는 조금만 되게 한다.

🍄 상황버섯은 고온성 버섯이나 35℃ 이상이 되면 성장에 문제가 된다. 그러나 온도가 낮은 경우는, 재배사 내의 온도가 영하로 떨어지지 않는 한 문제가 될 것이 없으므로 곰팡이가 피지 않을 정도로 환기를 시키면서 겨울을 지내면 된다.

11월 초, 중순 경 첫얼음이 얼면 관수를 중단하고, 물탱크를 청소하여 말리고, 관정과 모터의 필터들을 청소하고, 모터와 파이프의 배수 밸브를 열어 물을 빼고, 보온재로 관정들을 보온한다. 전체 재배사 관수노즐을 빼서 청소한 뒤 말려 비닐에 싸서 따뜻한 곳에 보관한다.

모터의 필터들을 잘 청소하여 끼운다.

겨울철에는 조금의 환기만 되게 하여 월동한다.

16장 텃밭에 재배사 지어 실제로 재배 따라 해 보기(공중재배)

그러면 지금부터 재배사의 폭이 6m, 길이는 20m, 높이는 중앙 가장 높은 곳이 3m 정도의 재배사를 지어 공중에 종목을 매달아 재배하여 수확하고 겨울철 관리까지 하는 방법을 자세히 실제로 따라 해 보자.

1 재료 준비

- 가로로 세울 골조 : 25~30mm 쇠파이프 11.5m 30~40개
- 가로로 세울 가는 파이프들을 연결할 골조 : 50mm 쇠파이프 20m 3개, 25~30mm 쇠파이프 20m 6개
- 지지대 : 길이 3.3m 50mm 쇠파이프 3~4개
- 종목을 매달 철골 구조물 제작 : 20~25mm 쇠파이프와 50mm 쇠파이프를 사용하여 철골 구조물을 제작한다.
- 비닐 : 두께 0.08mm×폭 11.5m×길이 27m 두 겹
- 차광막 : 75% 폭 11.5m×27m, 1벌, 35% 12m×28m 3벌
- 8온스 카시미론 솜 : 폭 11m×길이 26m 한 벌(사이즈를 이야기하면 그에 맞춰 준비해 준다.)
  지역에 따라 4~8온스 한 겹을 더 덮어 조도를 조절할 수도 있다.
- 출입문 : 240cm×240cm 앞, 뒤 각 1개씩(하우스를 만들면서 같이 만들면 된다)

- 그 외 자재 : 출입문을 고정할 파이프들과 환기구, 관수파이프, 호스 및 관수노즐, 낙하산 줄, 출입구와 환기구에 설치할 방충망, 환풍기, 사철과 사철을 끼울 수 있는 패드(100m 정도), 손잡이 수동개폐기 2개, 체인 수동개폐기 4개 등

② 재배사 짓기

배수가 좋고 주변에 오염원이 없으며 햇볕이 잘 드는 곳에 주변보다 최소한 30~40cm 정도 높은 땅에 마사토나 물 빠짐이 좋은 모래를 10~20cm 정도 덮는다.
한, 두동을 소규모로 재배한다면 손수레로 직접 모래나 마사를 넣어 재배할 수 있다.
그러나 많은 동을 대규모로 재배한다면 트랙터와 같은 농기계를 사용하면 편하게 작업할 수 있다.

먼저 가는 쇠파이프(굵기 25~30mm)를 이용하여 둥글게 50~70cm 간격으로 골조를 세운다.
땅바닥에 40~50cm 정도 박아 단단히 고정한다.
쇠파이프(굵기 50mm) 3~4개와 가는 파이프(굵기 25~30mm 정도)들을 사용하여 둥글게 세운 가는 파이프들을 길게 연결한다.
비닐과 차광막, 카시미론 솜을 고정할 수 있도록 사철을 끼울 수 있는 패드를 바닥에서 30~40cm 정도, 100~120cm 정도 두 개를 재배사 전체를 돌아가며 고정해 둔다.

🪨 지면재배는 중앙의 통로 한 개만 있으면 되지만 공중재배는 중앙의 통로와 재배사 가장자리에 통로가 있어야 하므로 총 3개의 통로가 필요하다.

가장자리 통로로도 다녀야 하므로 가로로 들어가는 25~30mm 쇠파이프를 구부릴 때 1m 80cm 높이에서 구부려야 한다.

쇠파이프 밴딩 업체에 하우스 구조만 잘 설명하면 길이는 알아서 밴딩 해서 파이프들을 배달해 준다.

직접 하우스를 건축할 수도 있고 업체에 맡길 수도 있다.

폭설이나 습설, 태풍을 대비하여 재배사 중간, 중간에 4~5m 간격으로 지지대(굵기 50mm)를 세워, 막사 천정의 굵은 쇠파이프를 지지해 주면 좋다.

쇠파이프 간격을 더 좁게 하여 튼튼하게 지어도 좋다.

앞, 뒷문은 240cm×240cm 정도로 크게 하여 쇠파이프로 연결하여 만든다.

문은 차광막과 카시미론, 비닐을 사용하여 옆으로 여닫을 수 있도록 크게 만들고 방충망을 같이 설치해 둔다.

층층으로 매단 종목에 물이 골고루 분사될 수 있도록 재배사 천정 좌, 우측 적당한 위치에 지름이 40~50mm 정도의 관수 파이프를 길게 설치하고 호스를 길게 설치하여 적당한 간격으로 관수노즐을 설치한다. 수압에 따라 관수노즐의 간격을 조절한다. 수압이 약하다면 중앙에도 관수파이프를 더 설치해도 좋다.

관수를 했을 때 물이 골고루 분사되어 관수 되지 않는 곳이 없도록 관수시설을 한다.

🔔 지면재배는 땅에만 종목이 심겨 있으므로 재배사 천정 좌·우측에만 관수시설을 해도 된다. 물론 재배사의 폭이나 수압에 따라 관수파이프의 수가 달라질 수 있다.

하지만 공중재배는 층층으로 종목이 달려 있으므로 파이프와 호스를 이용하여 재배사 좌, 우측에서도 물이 분사될 수 있도록 시설할 수도 있다.

중요한 것은 물이 가지 않는 곳이나 너무 많이 가는 곳이 없이 골고루 관수 될 수 있도록 잘 시설한다.

3 재배사 내에 종목을 매달 철골 구조물 설치

재배사의 폭이 6m이므로 중앙통로의 폭이 1m, 양쪽 가장자리 통로의 폭이 각각 80cm로 만들면 통로 양쪽에 종목을 매달 철골 구조물의 폭은 1m 70cm이다.

폭이 1m 70cm인 철골 구조물을 3단으로 중앙통로 양쪽에 쇠파이프 25~50mm 정도를 사용하여 계단식으로 철골 구조물을 만든다.

종목을 매달 수 있는 쇠파이프는 통상 지름 20~25mm 정도로 좀 가는 것을 길게 설치한다. 맨 아래 달리는 종목은 지면으로부터 60~70cm 정도는 되도록 하고, 위, 아래 종목이 25~30cm 정도는 띄워서 달리도록 구조물을 설치해 나간다.

여유 있게 거리를 두고 매달아야 작업이 수월하며 우량종목을 계속 유지할 수 있다.

🔔 처음 재배하거나 취미로 재배를 하는 분들이나 철골 구조물을

설치하지 않고 재배를 원한다면 재배사 이 끝에서 저 끝까지 튼튼한 줄을 치고 중간 중간에 지지대로 줄이 처지지 않게 받쳐 줄에 종목을 매달아 재배해 보는 것도 한 가지 방법이다.

가장자리 통로와 철골 구조물의 간격에 유의

철골 구조물 설치. 위, 아래 간격에 유의

4 재배사 골조 위에 비닐 및 차광막 설치

원목공중재배의 재배사는 비닐하우스를 지어 차광막을 씌워 재배하는 방식이 보편적으로 사용되고 있다.

손으로 직접 비닐과 카시미론, 차광막을 씌우거나 벗길 수도 있으며 햇볕의 강도에 따라 차광막을 씌우거나 벗겨 조도를 조절할 수도 있다.

또한 시기나 햇볕의 강도, 온도에 맞춰 조도조절을 하도록 시설할수도 있는데, 장점은 시설 후 조도조절이 쉬우므로 우량품종의 버섯을 다수확 할 수 있다는 점이다.

그렇게 시설하는 간단한 방법을 지금부터 알아보자.

비닐과 차광막을 덮는 방법은 쇠파이프 골조 위에 비닐(0.08mm)＋카시미론 솜 8온스 한 겹(지역에 따라 4~8온스 한 겹을 더 덮어 조도를 조절할 수도 있다)＋비닐(0.08mm)＋차광막 75% 1벌＋차광막 35% 2벌을 덮는다.

비닐, 차광막, 카시미론을 골조에 고정하는 방법은 골조에 미리 설치해 둔 패드에 사철을 끼우는 방법이 많이 사용된다.

(이 책에서 설명하였지만, 골조에 고정할 때 허리 높이까지 고정하고 밑부분은 환기를 위해 말아 올리거나 내리는 장치를 할 수도 있다)

또한, 패드에 끼우는 대신 골조 밑부분에 줄로 군데군데 매어 고정하고 차광막 윗부분에 줄을 치는 방법이 있다.

이 방법은 재배사가 길고 많은 동이 있을 때 주로 사용하는 방법이고 짧은 재배사는 사철을 끼워서 고정하는 방법을 많이 사용한다. 편한 방법을 선택해서 고정하면 된다.

위의 경우에 차광막 75% 1벌은 허리 높이까지 고정하고 35% 2벌은 골조에 고정하지 않는다.

차광막 75% 1벌과 35% 2벌은 골조에 고정하는 것이 아니라 개폐할 수 있도록 시설한다.
개폐할 수 있도록 시설하는 방법은 골조에 비닐, 카시미론, 차광막을 덮고 고정하고 천정 환기구까지 설치한 뒤, 차광막 세 벌을 설치하기 위해 천정 환기구 좌, 우측에 차광막을 사철로 고정할 수 있는 패드를 재배사 길이로 고정하고 차광막 세 벌을 패드에 고정한 다음, 바닥까지 내려온 차광막을 좌, 우측에 세 개씩, 총 여섯 개의 쇠파이프에 따로 감고 고정한다.

75% 1벌은 손잡이로 된 개폐기에 좌, 우측 한 개씩 연결하여 가슴 높이까지 개폐하고, 35% 2벌은 체인 개폐기에 좌, 우측 2개씩 총 4개를 쇠파이프와 연결하여 차광막을 천정부까지 말아 올리고 내려 조도를 조절하도록 시설한다.

이렇게 차광막 세 벌을 개폐할 수 있도록 시설해 두면 계절과 관계없이 햇볕의 강도나 날씨에 따라 바로 조도를 조절할 수 있으므로 우량 품종의 버섯을 다수확 할 수 있다.
모터를 장착하여 자동으로 개폐할 수도 있다.
물론 손으로 직접 비닐과 차광막을 씌우거나 벗길 수도 있다.

환기구 좌, 우측에 패드를 재배사 길이로 고정하고 차광막 두 벌을 패드에
고정한 모습

차광막 35% 두벌을 개폐할 수 있도록 시설한 장면

차광막 35% 두벌을 덮은 장면. 한 벌은 가슴높이까지 덮었다.

햇볕의 강도나 계절 또는 날씨에 따라 차광막을 벗기거나 씌우도록
한다.
계절과 관계없이 햇볕의 강도에 따라 잠시라도 차광막을 벗기거나
씌우는 것이 좋다.

통상 날씨나 햇볕의 강도에 따라 5월 중, 하순부터 35% 차광막을
적당히 더 덮어가고, 한여름 고온기에는 차광을 더하며 8월 중,
하순부터 35% 차광막을 적당히 벗겨가면서 조도를 조절한다.(영
남알프스 상황버섯 농장 기준)
75% 차광막은 어느 때이든 개폐할 수 있으나 주로 봄과 가을에
햇볕의 강도가 약할 때 많이 개폐하고 흐리거나 장마철에도 개폐
한다.

햇빛이 종일 비치거나 남쪽 지방으로 갈수록 35% 차광막을 조절하여 더 덮어야 하고 반대의 경우, 얇게 덮어야 한다.

카시미론 솜을 사용하면 상황버섯이 좋아하는 은은한 산광을 더 쉽게 얻을 수 있어 재배가 쉬우며, 보온효과가 크고 카시미론 솜 밑의 비닐이 상당히 오래가므로 때때로 솜 위의 비닐과 차광막만 교체하면 된다는 장점이 있다.

반면에 그냥 비닐과 차광막만 사용했을 때는 비용이 저렴하며 설치가 쉽다는 장점은 있으나 카시미론을 사용했을 때만큼의 산광을 얻을 수 없고, 오래 사용하지 못하며 교체 시기가 더 짧다는 단점이 있다.

🎇 처음 재배를 시작한다면 카시미론 솜을 사용하고 어느 정도 기술에 자신이 있을 때 비닐과 차광막을 사용해서 재배해 볼 것을 권한다.

천정과 측면의 차광 정도를 달리 해주어야 한다. 일반적으로 측면의 차광을 덜 해주어야 한다.
측면의 차광막을 상태에 따라 가슴높이로 적당하게 말아 올리고 내려서 천정으로부터의 조도에 맞추어 나가야 한다.

여름철 고온기에는 비닐(0.08mm)+카시미론 솜 8온스 한 겹(지역에 따라 4~8온스 한 겹을 더 덮어 조도를 조절할 수도 있다)+비닐(0.08mm)+차광막 75% 1벌에 차광막 35%를 적당히 더 덮어 조도를 조절한다.

또 다른 방법으로 비닐(0.08mm)＋비닐(0.08mm)＋차광막 90~95% 1벌에 차광막 35%를 적당히 더 덮어 조도를 조절하여 여름을 지낸다. 이 경우에도 손으로 직접 씌우거나 벗길 수도 있으나 차광막을 개폐할 수 있도록 시설하면 편리하다(카시미론을 사용하지 않는 이 방법은 차광막 개폐시설 및 환기 방법에 있어서 기술이 필요하므로 어느 정도 재배에 자신이 있을 때 시도해 볼 것을 권한다)

5월 중, 하순이나 6월 초순부터 8월 중, 하순까지 조도를 이렇게 맞춰 준다.
장마가 끝나고 햇볕이 강하게 내리쬐는 7월 초, 중순 경에는 차광에 특히 주의를 기울여야 한다.
이때는 신속히 차광막 35%를 적당히 더 덮어 조도를 조절해 주어야 한다.

차광막을 덮는 방법을 요약하면 버섯의 생육환경에 맞도록 차광막으로 계속 조도를 조절해 나가는 것이다. 버섯이 노랗게 잘 자란다면 계속 그 상태를 유지하도록 차광막을 덮거나 벗기는 것이다. 또한, 천정의 차광막을 통해 들어오는 빛에 버섯이 잘 자란다면 그에 맞는 조도를 측면에도 하도록 하는 것이다.

상황버섯 재배사를 덮는 비닐은 장수비닐로 통상 0.08~0.1mm를 많이 사용한다.

재배해 본 경험으로는 0.08mm 비닐 두벌을 덮는 것이 적합하였다.
0.08mm 이하나, 0.1mm가 넘는 두께를 사용해도 좋다.
장수비닐은 일반 비닐보다 수명이 길다.
색깔이 푸른 빛을 띠므로 쉽게 일반 비닐과 구분할 수 있다.

그리고 5~6m 간격으로 낙하산 줄을 매어 차광막과 비닐이 바람에
날리지 않게 해야 태풍이나 강풍으로 인한 피해를 입지 않는다.

5 환기 시설

천정은 3~4m 정도의 간격으로 지름이 약 50~60cm가량의 환기
구를 설치한다.

측면도 3~4m 정도의 간격으로 환기구나 환기창을 설치한다.
한여름 환기가 부족하다면 환기구를 더 설치하든지 환풍기를 가동
하면 된다.

측면에 환기구나 환기창을 설치하는 대신 허리 정도의 높이로
비닐과 차광막, 카시미론을 걷어 올리고 내리는 장치를 할 수도
있다.
하지만 어떤 경우이든 방충망도 같이 설치해야 한다.

⑥ 관수 시설

재배사 천정 양쪽에 지름이 40~50mm 정도의 관수 파이프를 재
배사가 긴 쪽으로 설치한다. 수압이 약하다면 중앙에도 관수 파이
프를 설치한다. 수압에 따라 적당한 간격(통상 1~1.5m)으로 호스
를 길게 설치하고, 호스 끝에 관수노즐을 달아 층층으로 매단 종
목에 물이 골고루 분사될 수 있도록 한다.
관수를 했을 때 물이 골고루 분사되어 관수 되지 않는 곳이 없도
록 관수시설을 한다.

그에 더해 재배사 좌, 우측면에 관수파이프를 설치하고 옆에서 물
이 분사되게 하는 것도 한 가지 방법이다.
어떻게 설치하든 중요한 것은 종목에 물이 골고루 잘 분사될 수
있도록 시설하는 것이다.

⑦ 종목 굵기

배양된 종목은 맑은 날 온도가 높을 때 재배사 내에 내려놓으면
좋다. 통상 5월 중, 하순경이 무난하다.
종목의 숫자는 폭 6m × 길이 20m의 재배사에 지름 약 15cm 정도
의 종목을 1,500~2,000개 정도 매달면 된다. 더 설치할 수도 있
으나 이 숫자 보다 줄여 간격을 넓게 해도 된다. 촘촘하게 매달지
않도록 한다.
물론 종목의 굵기나 간격에 따라 매다는 개수에 차이가 생긴다.

종목을 가져다 둔 뒤, 재배사 앞, 뒷문을 열어서 시원하고 그늘지게 한다.

비가 온다면 천정 환기구는 닫는다.

그러나 앞, 뒷문은 열어두어야 한다.

비닐 내에서 꺼내지 말고 바로 쌓아둔다.

재배사 내에 둔 종목을 비닐에서 바로 뜯어 칼과 쇠솔로 종균껍질을 말끔히 제거한다.

손으로 직접 긁으면 하루에 한 사람이 100~300개 정도, 기계로 긁으면 2,000~3,000개 정도 긁을 수 있다.

잘 배양된 종목이다. 종균껍질이 종목 전체를 둘러싸고 있다

노랗게 잘 배양된 종목이다. 대단히 강한 세력을 유지하고 있다.

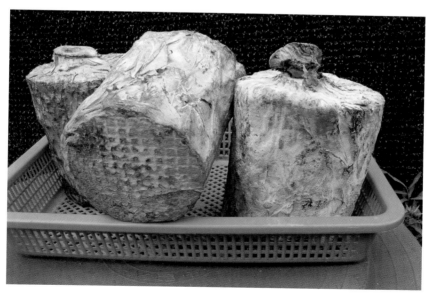

잘 배양된 종목이다. 종균이 아랫부분까지 잘 배양되어 강한 세력을 유지하고 있다.

🔳 재배사 내 철골 구조물에 종목 매달기

통상 종목 중앙에 못을 박아 구부려 매다는 방법을 많이 사용한다. 종목 수가 많지 않다면 직접 못을 쳐서 구부리고 매달 수도 있지만, 못을 박는 전동기계가 나와 있으므로 구입하면 한결 수월하게 작업할 수 있다.

못은 구조물의 굵기에 맞춰 적당한 길이의 것을 선택한다.

구조물에 못을 여유 있게 매달아야 종목을 움직이고 들어서 관찰하는 데 편리하다.

종목이 지면으로부터는 60~70cm 정도, 아래위로는 25~30cm 이상, 좌우로는 종목의 반지름 이상이 떨어지도록 종목을 매단다.

🏮 종목을 매달 때 종목의 균사가 잘 자란 면이 밑으로 향하도록 한다.

적당한 간격으로 종목을 매단다.

⑨ 속배양

속배양이란 손질한 종목을 재배사 내에 관수하지 않고 그냥 매달아 두어 적당한 온도에 종목 속 종균이 활성화되어 튼튼한 종목을 만드는 작업이다.

날씨나 온도에 따라 속배양 기간을 달리한다.

매달고 문은 꽉 닫는다. 관수는 하지 않는다.

속배양 기간에는 가능한 온도가 높아야 한다. 그러나 재배사 안 온도가 32~33℃ 이상 올라가면 잠시라도 환기를 하여 온도를 낮춘다.

속배양 기간은 통상 5~15일 정도 걸린다.

매다는 시기나 날씨, 온도 등에 따라 기간을 달리한다. 온도가 많이 올라가지 않고 흐린 날이 많으면 길게 속배양 하고 햇볕이 나서 더운 날이 많으면 짧게 속배양 한다.

매단 뒤 2~3일이 지나면 종목 아래에 노란 종균이 피어난다.

조도나 온도가 맞으면 일주일 정도 지나면 두껍게 종균이 피어난다.

가장 두껍게 종균이 피어났다고 생각될 때 관수를 시작한다.

⑩ 관수

속배양 후 종균이 종목에 누렇게 배어나고 종목도 누렇게 변해 있을 것이다.

종목이 이렇게 되면 대단히 강한 세력을 유지하고 있고 이제 관수를 시작할 때가 된 것이다.

처음에는 재배사 내의 모든 것이 말라 있으므로 바닥에 물이 흥건할 정도로 많이 관수한다.

통상 재배사의 조건에 따라 다르지만 1시간 이상 관수한다.

🔔 수도나 전기시설은 모터를 돌려 관수하거나 관정의 물을 퍼 올리기 위한 것인데 이 시설이 없는 산속이나 외진 곳이라면 깨끗한 물을 분무기에 담아 등에 메고 손으로 압력을 가하여 적당량 분사하면 된다.

등에 물통을 메고 다니며 손으로 물을 분사하는 분무기로도 잘 재배할 수 있다.

또한, 수도꼭지에 호스를 연결하여 분무기를 달아 분사할 수도 있다.

이튿날 재배사에 들어가 보면 많은 푸른곰팡이가 피어 있다.

푸른곰팡이는 종균만 잘 배양되었고 속배양 기간을 잘 거쳤다면 정상적으로 관수하면 서서히 자동으로 없어지므로 걱정하지 않아도 된다.

푸른곰팡이가 다 죽을 때까지 기다리지 말고 종목이 어느 정도 마르면 다시 관수한다.

종목이 마르는 데는 날씨에 따라 다르지만 통상 하루나 이틀 정도 걸린다.

종목이 어느 정도 '마르면 관수하고, 마르면 관수하고'를 반복하여 종목 전체가 누른 색깔을 띠며 버섯이 두껍게 잘 자라게 한다. 줄 때마다 많이 관수해서 나무 밑 종균이 다 젖도록 한다.

그리고 관수를 시작할 때부터 환기구로 온도를 30℃ 정도로 맞춰 준다. 그러나 날씨가 좋지 않아 온도가 떨어지거나 밤에 온도가 떨어지는 것은 그대로 둔다.

축축하고 후덥지근하게 계속 관리하면 버섯이 두껍게 자라면서 곰팡이는 서서히 사라진다.

상황버섯은 고온다습한 조건을 만들어 주어야 생육이 왕성하다.

관수 간격을 적당히 하여 버섯이 계속 노란 상태를 유지하며 성장시키는 것이 중요하다.

잘 성장하는 버섯은 포자층도 잘 형성되어 우량상품이 될 수 있다.

햇볕이 강하면 매일 종목이 젖도록 관수한다.

종목에 노란 버섯이 계속 노란 색깔을 유지하도록 관수에 특히 주의를 기울인다.

이후 여러 조건을 잘 맞추면서 관수를 계속하면 단기간에 걸쳐 우량품질의 버섯을 얻을 수 있으며, 잘 관리되어 만들어진 튼튼한 종목은 여러 해를 두고 계속 수확할 수 있다.

⑪ 싹틔운 버섯 잘 관리하기

싹틔운 버섯을 잘 재배하기 위해서는 상황버섯 재배의 필수적인 요소, 네 가지

❶ 온도

❷ 습도

❸ 조도(빛의 밝기)

❹ 환기(이산화탄소와 산소의 농도)를 잘 맞추기 위해 노력해야
한다.

종목을 매단 뒤 두껍게 종균이 배어 나오도록 한 지금은 5월 말이
나 6월 초, 중순쯤이 될 것이다.

1년 중 재배에서 가장 주의를 기울여야 할 시기가 6월에서 8월까
지이다.

🏮 상황버섯은 고온성 버섯으로 30℃ 가까운 온도에서 잘 자라나
온도가 많이 올라가서 장시간 있으면 종균이 사멸할 수 있으므로
주의해야 한다.

싹이 난 버섯들이 포자층을 형성하며 잘 자라고 있다.
버섯 끝부분이 계속 노란 색깔을 유지하게 관리한다.

여러 조건을 잘 맞춰 버섯 전체에 포자층이 형성되며 노랗게 잘 자라고 있다.

여름철 고온기에 잠시 방심하면 잘 배양된 종목의 세력을 급격히 약화시킬 수 있다.

햇볕이 강하고 온도가 높을 때는 수시로 재배사를 드나들면서 여러 점을 체크하고 그에 맞게 조절해 준다.

이제 싹이 어느 정도 자랐으므로 35% 차광막으로 조도를 조절해 준다.

측면으로 빛이 많이 들어 올 수 있도록 차광막을 천정보다 얇게 덮어야 한다. 버섯이 자라는 상태에 따라 차광막을 말거나 펴 둔다.

또한, 이때부터는 환기량을 늘려간다.

여름철 고온기에는 밤낮 환기를 시켜 고온으로 인한 피해를 방지해야 한다.

관수도 더 자주 많이 할 필요가 있다.

⑫ 6월에서 8월까지 고온기에 주의할 점

1. 환기를 더 많이 시킨다.

환기량을 점차 늘려나간다.
여름철 고온기에는 밤낮 환기를 시켜 고온으로 인한 피해를 방지해
야 한다.
환기가 부족하면 환기구를 더 설치하든지 환풍기로 환기를 시킨다.

2. 관수를 더 많이 한다.

버섯의 끝부분(다시 말해서 버섯 자실체의 끝부분)이 계속 노란
색깔을 유지하면서 자라도록 노력한다.

3. 차광을 더 시킨다.

여름철 고온기에는 차광을 더 많이 해야 한다.
앞서 기술하였지만, 측면은 차광막을 말아 올리고 내리는 방식으
로 적당한 조도를 맞추어 나가야 한다.
6월 초순부터 8월 말까지 조도를 이렇게 맞춰 준다.

요약하자면 한여름 고온기에는 가능하면 재배사를 자주 드나들면
서 다음의 조건을 맞추기 위해 노력한다.
❶ 환기를 많이 한다.
❷ 관수를 많이 자주 한다.
❸ 조도를 맞추기 위해 차광막을 더 덮는다.

❹ 해충의 피해를 입지 않도록 주의한다.

고온기에는 관수, 차광, 환기에 주의하여 포자층을 형성하며 노랗게 잘 자라도록 관리한다.

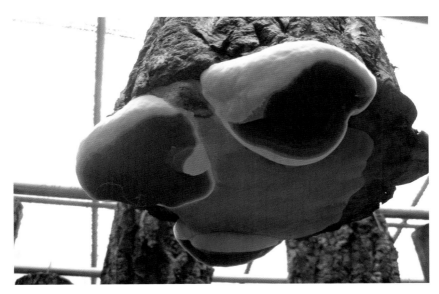

고온기에 잘 관리하여 포자층을 형성하며 버섯이 노랗게 잘 자라도록 관리한다.

환경을 잘 맞추어 버섯이 말라붙거나 색깔이 진한 고동색으로 변하지 않도록 한다.

⑬ 가을철 재배법

1. 관수

8월 중순이 지나면 점차 관수량과 횟수를 줄여간다.

9월 들면 관수량을 많이 줄여간다.

9월까지는 하루 두세 번 정도 짧게 종목이 젖을 정도로 관수한다.

예를 들면 햇살이 강하다면 초순에는 10~20분 정도 1번 주거나 오전, 오후로 나눠주든지 한다. 중, 하순으로 가면서 5~15분 정도로 줄여간다.

10월 들면 관수량을 더 줄여나간다.

11월 초, 중순 경 첫 얼음이 얼면 관수를 중단한다.
관수를 중단한 후에는 이듬해 2월말까지 환기구를 조금씩 열어두
어 월동한다.

2. 조도(빛의 밝기)

8월 중, 하순부터 햇볕의 강도에 따라 35% 차광막을 적당하게 벗겨
가면서 조도를 조절해야 한다. 물론, 천정보다 측면의 차광을 덜 해
주어야 한다.

3. 환기

8월 중순경부터 환기량을 서서히 줄여간다.
9월과 10월에도 환기량은 줄여가되 환기구를 다 닫아서는 안 된다.
가을 들면 여름 못지않게 환기에 주의를 기울여야 한다.
적당한 환기가 되고, 일교차를 크게 해주어야 포자층이 진하고 버
섯이 단단해진다.
11월 들면 버섯 수확은 마쳤으나 조금의 환기는 되게 해야 한다.
물이 얼 지경이 되면 조금의 환기만 되게 해서 겨울을 지낸다.
몹시 추우면(재배사 내의 온도가 영하로 떨어질 경우) 환기구를
모두 닫는다.
정상적인 겨울 날씨면 환기구를 몇 개씩 열어 둔다.

이듬해 봄까지 이렇게 겨울철 관리를 한다.
대략 2월 말까지 이렇게 지낸다.

🏺 이 책 서두에서도 언급하였지만, 이 날짜는 경북 청도 지방에서 재배한 경험적인 날짜로 참고용이므로 각 지역의 특성에 맞춰 날짜를 조정해야 한다.

이 책에 나오는 다른 날짜나 관수 시간도 단지 참고용으로 스스로 재배사의 상태나 지역에 맞게 조정해 나가야 한다.

적당한 환경을 만들어 버섯이 잘 자라게 한다.

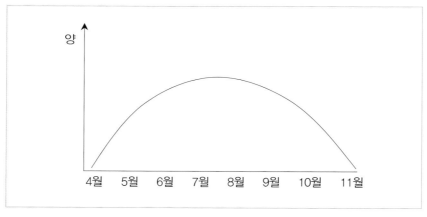

관수. 차광. 환기 그래프를 늘 기억한다.

적당한 환경이 되어 버섯이 두껍게 자라며 갓과 포자층이 잘 형성되고 있다.

🔢 수확

1. 수확 시기

수확의 적기는 10월 초, 중순경이다.

물론 지역이나 날씨에 따라 다르겠지만 10월에는 버섯 수확을 마치는 것이 합리적이라 생각된다.

공중재배 방식은 1년에 두 번 수확할 수도 있다.

2. 수확하는 도구

공중재배는 버섯이 종목 아래에 달리고 수확하는 면이 평평하므로 칼날의 끝이 평평하고 넓은 도구로 수확하면 한결 편하고 힘이 적게 든다.

끌로 수확하거나 끌을 망치로 쳐서 수확할 수 있다. 전동 끌을 콤프레샤에 연결하여 사용하면 쉽게 수확할 수 있다.

또한, 긴 자루가 달린 스크래퍼라는 도구를 사용하거나 자루가 나무로 된 평평하고 넓은 삽을 그라인드로 칼과 같이 날카롭게 갈면 편한 도구가 된다.

평평하고 날이 일직선인 긴 작두 같은 것을 사용해도 된다.

3. 수확하는 방법

공중재배는 버섯이 공중에 달려 있으므로 달린 채로 버섯을 수확하면 종목이 움직여 수확이 쉽지 않다.

그리고 안전사고의 위험도 높다.

그러므로 반드시 종목을 땅바닥에 내려놓고 비닐과 같은 자리를 편 위에서 종목을 옆으로 눕혀 도구를 사용하여 버섯을 수확하면 쉽게 수확할 수 있다.

전동 끌로 수확할 경우 의자에 앉아 적당한 높이의 탁자에서 편하게 작업하면 된다.

4. 수확한 버섯 건조하기

소량의 버섯을 수확하였다면 그물망이나 대나무 소쿠리 같은 곳에 담아 통풍이 잘되는 곳에서 7~15일 정도 두면 건조된다.

많은 양이라면 건조기를 사용하여 40~50℃ 정도로 5~10시간 정도 건조하면 된다.

건조한 버섯은 통풍이 잘되고 그늘진 곳에서 여러 해 보관이 가능
하다.

수확하여 저장한 버섯

수확하여 손질한 버섯

15 겨울철 관리

상황버섯은 관리만 잘하면 원목의 수명이 다할 때까지 계속 자랄 수 있다.

동절기에는 정지되었다가 이듬해 봄 4월경부터 다시 자라며 이때 색깔은 자라나오는 부분은 노란색으로 자라며 지난해 자란 부분은 점차 진한 고동색으로 변해 간다.

동절기에는 건조하고 기온이 낮은 상태로 두는 것이 이듬해 버섯이 잘 성장하는 데 도움이 된다.

겨울철에는 성장이 멈춘 상태로 지낸다.

17장 텃밭에 재배사 지어 실제로 재배 따라 해 보기(지면재배)

그러면 지금부터 재배사의 폭이 6m, 길이는 20m, 높이는 중앙 가장 높은 곳이 3m 정도의 재배사를 지어 실제로 재배하여 수확하고 겨울철 관리까지 하는 방법을 자세히 실제로 따라 해 보자.

1 재료 준비

- 가로로 세울 골조 : 25~30mm 쇠파이프 11.5m 30~40개
- 가로로 세울 가는 파이프들을 연결할 골조 : 50mm 쇠파이프 20m 3개, 25~30mm 쇠파이프 20m 6개
- 지지대 : 길이 3.3m 50mm 쇠파이프 3~4개
- 비닐 : 두께 0.08mm×폭 11.5m×길이 27m 두 겹
- 차광막 : 90~95% 폭 11.5m×27m, 1벌, 35% 12m×28m 3벌
- 8온스 카시미론 솜 : 폭 11m×길이 26m 한 벌(사이즈를 이야기하면 그에 맞춰 준비해 준다.)
  지역에 따라 4~8온스 한 겹을 더 덮어 조도를 조절할 수도 있다.
- 출입문 : 240cm×240cm 앞, 뒤 각 1개씩(하우스를 만들면서 같이 만들면 된다)
- 그 외 자재 : 출입문을 고정할 파이프들과 환기구, 관수파이프, 호스 및 관수노즐, 낙하산 줄, 출입구와 환기구에 설치할 방충

망, 사철과 사철을 끼울 수 있는 패드(100m 정도), 수동 체인 개
폐기 4개 등

❷ 재배사 짓기

배수가 좋고 주변에 오염원이 없으며 햇볕이 잘 드는 곳에 주변보
다 최소한 30~40cm 정도 높은 곳에 마사토나 물 빠짐이 좋은 모
래를 20~30cm 정도 덮는다.
한, 두동을 소규모로 재배한다면 손수레로 직접 마사를 넣어 재배
할 수 있다.
그러나 많은 동을 대규모로 재배한다면 트랙터와 같은 농기계를
사용하면 편하게 작업할 수 있다.

먼저 가는 쇠파이프(굵기 25mm)를 이용하여 둥글게 50~60cm 간
격으로 골조를 세운다. 땅바닥에 40~50cm 정도 박아 단단히 고
정한다.
쇠파이프(굵기 50mm) 3~4개와 가는 파이프(굵기 25~30mm 정
도)를 사용하여 둥글게 설치한 파이프들을 연결한다.

비닐과 차광막, 카시미론 솜을 고정할 수 있도록 사철을 끼울 수 있
는 패드를 바닥에서 30~40cm 정도, 100~120cm 정도 두 개를 재배
사 전체를 돌아가며 고정해 둔다.

🏯 가로로 들어가는 25~30mm 쇠파이프를 구부릴 때 공중재배는 1m 80cm 정도 높이에서 구부렸으나 지면재배는 그보다는 조금 낮게 구부려도 관계없으나, 같은 높이에서 구부리면 트랙터를 운전하기에 편하다.

쇠파이프 밴딩 업체에 하우스 구조만 잘 설명하면 길이는 알아서 밴딩해서 파이프들을 배달해 준다. 직접 하우스를 건축할 수도 있고 업체에 맡길 수도 있다.

폭설이나 습설, 태풍을 대비하여 재배사 중간, 중간에 4~5m 간격으로 지지대(굵기 50mm)를 세워 막사 천정 중앙의 굵은 쇠파이프를 지지해 주면 좋다.

쇠파이프 간격을 더 좁게 하여 튼튼하게 지어도 좋다.

앞, 뒷문은 240cm×240cm 정도로 크게 하여 쇠파이프로 연결하여 만든다.

문은 차광막과 카시미론, 비닐을 사용하여 옆으로 여닫을 수 있도록 크게 만들고 방충망을 같이 설치해 둔다.

③ 재배사 내에 마사 채우기

골조가 완성되었으면 배수가 잘되는 깨끗한 마사토를 채워야 한다. 지면재배는 종목을 땅에 직접 심으므로 가는 마사나 모래보다 망치로 깰 정도의 굵은 마사가 섞여 있을 정도의, 산에서 채취한 굵고 깨끗한 마사를 넣으면 재배가 쉽다.

가능하면 25~30cm 정도로 두껍게 채워야 종균이 두껍게 형성되며 버섯이 잘 발생한다.

6m의 폭에 길이 1m에 2톤가량의 마사가 필요하므로 길이가 20m 이므로 40톤 정도의 마사가 필요하다.

마사를 두껍게 채우고 바닥을 평평하게 하여 종목을 바로 심을 수 있도록 만들어 둔다.

재배사 내에 마사를 채우기 위한 작업을 하고 있다.

❹ 재배사 골조 위에 비닐 및 차광막 설치

원목지면재배의 재배사는 비닐하우스를 지어 차광막을 씌워 재배하는 방식이 보편적으로 사용되고 있다. 손으로 직접 비닐과 카시미론, 차광막을 씌우거나 벗길 수도 있으며 햇볕의 강도에 따라 차광막을 씌우거나 벗겨 조도를 조절할 수도 있다.

또한 시기나 햇볕의 강도, 온도에 맞춰 조도조절을 하도록 시설할 수도 있는데, 장점은 시설 후 조도조절이 쉬우므로 우량품종의 버섯을 다수확 할 수 있다는 점이다.
그렇게 시설하는 간단한 방법을 지금부터 알아보자.

비닐과 차광막을 덮는 방법은 쇠파이프 골조 위에 비닐(0.08mm)＋카시미론 솜 8온스 한 겹(지역에 따라 4~8온스 한 겹을 더 덮어 조도를 조절할 수도 있다)＋비닐(0.08mm)＋차광막 75% 1벌＋차광막 35% 2벌을 덮는다.

비닐, 차광막, 카시미론을 골조에 고정하는 방법은 골조에 미리 설치해 둔 패드에 사철을 끼우는 방법이 많이 사용된다.

위의 경우에 차광막 75% 1벌은 고정하고 35% 2벌은 골조에 고정하지 않는다.

차광막 35% 2벌은 골조에 고정하는 것이 아니라 개폐할 수 있도록 시설한다.

개폐할 수 있도록 시설하는 방법은 안쪽에 비닐, 카시미론, 차광막을 덮고 고정하고 천정 환기구까지 설치한 뒤, 차광막 두 벌을 설치하기 위해 환기구 좌, 우측에 차광막을 사철로 고정할 수 있는 패드를 재배사 길이로 고정하고 차광막 두 벌을 패드에 고정한 다음, 바닥까지 내려온 차광막을 좌, 우측에 두 개씩 총 네 개의 쇠파이프에 따로 감고 고정한다.

차광막 2벌을 체인 개폐기에 좌, 우측 2개씩 총 4개를 쇠파이프와 연결하여 차광막을 천정부까지 말아 올리고 내려 조도를 조절하도록 시설한다.

이렇게 차광막 두 벌을 개폐할 수 있도록 시설해 두면 계절과 관계없이 햇볕의 강도나 날씨에 따라 바로 조도를 조절할 수 있으므로 우량 품종의 버섯을 다수확 할 수 있다.
모터를 장착하여 자동으로 개폐할 수도 있다.
물론 손으로 직접 비닐과 차광막을 씌우거나 벗길 수도 있다.

햇볕의 강도나 계절 또는 날씨에 따라 차광막을 벗기거나 씌우도록 한다.
계절과 관계없이 햇볕의 강도에 따라 잠시라도 차광막을 벗기거나 씌우는 것이 좋다.

통상 날씨나 햇볕의 강도에 따라 5월 중, 하순부터 35% 차광막을 적당히 더 덮어가고, 한여름 고온기에는 차광을 더하며 8월 중, 하순부터 35% 차광막을 적당히 벗겨가면서 조도를 조절한다. (영

남알프스 상황버섯 농장 기준)

햇빛이 종일 비치거나 남쪽 지방으로 갈수록 35% 차광막을 조절하여 더 덮어야 하고 반대의 경우, 얇게 덮어야 한다.

카시미론 솜을 사용하면 상황버섯이 좋아하는 은은한 산광을 더 쉽게 얻을 수 있어 재배가 쉬우며, 보온효과가 크고 카시미론 솜 밑의 비닐이 상당히 오래가므로 때때로 솜 위의 비닐과 차광막만 교체하면 된다는 장점이 있다.

반면에 그냥 비닐과 차광막만 사용했을 때는 비용이 저렴하며 설치가 쉽다는 장점은 있으나 카시미론을 사용했을 때만큼의 산광을 얻을 수 없고, 오래 사용하지 못하며 교체 시기가 더 짧다는 단점이 있다.

🔔 처음 재배를 시작한다면 카시미론 솜을 사용하고 어느 정도 기술에 자신이 있을 때 비닐과 차광막을 사용해서 재배해 볼 것을 권한다.

환기구 좌, 우측에 패드를 재배사 길이로 고정하고 차광막 두 벌을 패드에
고정한 모습

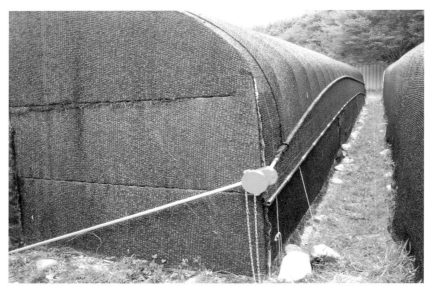

손으로 쇠사슬을 당겨 35% 차광막 두벌을 덮도록 장치한 모습

손으로 쇠사슬을 당겨 35% 차광막 2벌을 덮되, 1벌은 가슴높이까지 덮은
모습

천정과 측면의 차광 정도를 달리 해주어야 한다. 일반적으로 측면
의 차광을 덜 해주어야 한다.
측면의 차광막을 상태에 따라 가슴높이로 적당하게 말아 올리고
내려서 천정으로부터의 조도에 맞추어 나가야 한다.

여름철 고온기에는 비닐(0.08mm)＋카시미론 솜 8온스 한 겹(지
역에 따라 4~8온스 한 겹을 더 덮어 조도를 조절할 수도 있다)＋
비닐(0.08mm)＋차광막 75% 1벌에 차광막 35%를 적당히 더 덮어
조도를 조절한다.

또 다른 방법으로 비닐(0.08mm)＋비닐(0.08mm)＋차광막 95% 1벌
에 차광막 35%를 적당히 더 덮어 조도를 조절하여 여름을 지낸다.
이 경우에도 차광막을 개폐할 수 있도록 시설한다.

(카시미론을 사용하지 않는 이 방법은 차광막 개폐시설 및 환기 방법에 있어서 기술이 필요하므로 어느 정도 재배에 자신이 있을 때 시도해 볼 것을 권한다)

5월 중, 하순이나 6월 초순부터 8월 중, 하순까지 조도를 이렇게 맞춰 준다.

장마가 끝나고 햇볕이 강하게 내리쬐는 7월 초, 중순경에는 차광에 특히 주의를 기울여야 한다.
이때는 신속히 차광막 35%를 적당히 더 덮어 조도를 조절해 주어야 한다.

차광을 어느 시기에 어느 정도로 할 것인가는 상황버섯 재배에서 핵심 기술 중 하나이다.
상황버섯은 속배양 때, 싹을 틔울 때, 자랄 때, 폭염 시에, 장마철에, 가을에 햇볕의 강도가 약해질 때, 겨울철 동면기에 차광을 각각 달리해 주어야 한다.
또한, 햇볕의 강도에 따라 수시로 차광을 달리해 주면 좋다.

차광막을 덮는 방법을 요약하면 버섯의 생육환경에 맞도록 차광막으로 계속 조도를 조절해 나가는 것이다. 버섯이 노랗게 잘 자란다면 계속 그 상태를 유지하도록 차광막을 덮거나 벗기는 것이다.
또한, 천정의 차광막을 통해 들어오는 빛에 버섯이 잘 자란다면 그에 맞는 조도를 측면에도 하도록 하는 것이다.

상황버섯 재배사를 덮는 비닐은 장수비닐로 통상 0.08~0.1mm를 많이 사용한다.

재배해 본 경험으로는 0.08mm 비닐 두벌을 덮는 것이 적합하였다. 0.08mm이하나, 0.1mm가 넘는 두께를 사용해도 좋다. 장수비닐은 일반 비닐보다 수명이 길다. 색깔이 푸른 빛을 띠므로 쉽게 일반 비닐과 구분할 수 있다.

그리고 5~6m 간격으로 낙하산 줄을 매어 차광막과 비닐이 바람에 날리지 않게 해야 태풍이나 강풍으로 인한 피해를 입지 않는다.

5 환기 시설

앞, 뒷문은 크게 설치하되 최소한 손수레가 다닐 정도의 크기면 좋다. 앞문은 장래를 생각하여 소형 트랙터가 다닐 정도의 크기면 좋다. 앞, 뒷문을 개방해서 환기를 시킬 수도 있으나 앞, 뒷문 옆에 큰 창을 만들고 방충망을 설치해서 환기를 시킬 수도 있다. 천정은 4m 정도의 간격으로 지름이 약 50~60cm가량의 환기구를 설치한다. 측면도 4m 정도의 간격으로 환기구나 환기창을 설치한다. 하지만 어떤 경우이든 방충망도 같이 설치해야 한다.

6 관수 시설

재배사 천정 좌, 우측에 지름이 40~50mm 정도의 관수 파이프를 길게 설치한다.

이 관수 파이프에 약 1~1.5m 정도의 간격으로 관수노즐을 설치한다.

물론 수압에 따라 관수노즐의 간격을 조절한다.

🔔 지면재배는 땅에만 버섯이 심겨 있으므로 재배사 천정 좌·우측에만 관수시설을 해도 된다. 그러나 수압이 약하다면 중앙에 관수파이프를 한 개 더 설치해도 된다.

7 종목 굵기

배양된 종목은 맑은 날 온도가 높을 때 재배사 내에 내려놓으면 좋다. 통상 5월 중, 하순경이 무난하다.

종목의 숫자는 폭 6m×길이 20m의 재배사에 지름 약 15cm 정도의 종목을 1,000~1,200개 정도 심으면 적당하다. 물론 종목의 굵기에 따라 개수에 차이가 생긴다.

종목을 가져다 둔 뒤, 재배사 앞, 뒷문을 열어서 시원하고 그늘지게 한다.

비가 온다면 천정 환기구는 닫는다.

그러나 앞, 뒷문은 열어두어야 한다.

비닐 내에서 꺼내지 말고 바로 쌓아둔다.

재배사 내에서 비닐에서 바로 뜯어 쇠솔로 종균껍질을 말끔히 제
거한다.

종균이 잘 배양되어 종균 껍질이 노랗게 종목 전체를 두껍게 둘러싸고
있다.

종균 껍질이 종목 밑면까지 두껍게 둘러싸고 있어 잘 배양된 종목이다.

8 종목 심기

종목을 내려놓기 전부터 재배사는 먼저 종목을 심을 준비가 되어 있어야 한다.
재배사의 바닥에 배수가 양호한 마사토를 두껍게 깔고 지면이 평평하게 되어있는 곳에 종목을 내려놓는다.
종균껍질을 긁고 바로 재배사에 심는다.

지면재배는 종목길이의 1/3정도 심고 마사토를 종목 옆부분에 조금 올라오게 덮어주면서 눌러 준다.
심은 뒤 노출된 원목의 위 표면은 건조되지 않게 마사토를 종목 위에 2~3cm 정도 두께로 덮어주면서 손으로 꼭꼭 눌러준다.
이렇게 하면 위로 버섯이 발생하지 못하고 옆으로 이쁜 모양의 버섯이 발생하게 된다.

종목 사이의 간격은 20cm 정도씩 띄워 심고, 재배사 모퉁이로부터도 20cm 정도 간격을 둔다.

심을 때 종목의 균사가 잘 자란 면이 위로 향하도록 한다.

9 속배양

속배양이란 손질한 종목을 재배사 내에 관수하지 않고 마른 마사에 그냥 심어 두어 적당한 온도에 종목 속 종균이 활성화되어 튼튼한 종목을 만드는 작업이다.

날씨나 온도에 따라 속배양 기간을 달리한다.

심고 문은 꽉 닫는다. 관수는 하지 않는다.

속배양 기간에는 가능하면 온도가 높아야 한다. 그러나 재배사 안의 온도가 35℃ 이상 올라가면 잠시라도 환기구를 열어 온도를 낮춘다.

속배양 기간은 통상 5~15일 정도 걸린다.

심는 시기나 날씨, 온도 등에 따라 기간을 달리한다. 온도가 많이 올라가지 않고 흐린 날이 많으면 길게 속배양 하고 햇볕이 나서 더운 날이 많으면 짧게 속배양 한다.

심은 뒤 2~3일이 지나서 종목을 뽑아보면 종목 아래에 노란 종균이 피어난다.

조도나 온도가 맞으면 일주일 정도 지나면 두껍게 종균이 피어난다.

가장 두껍게 종균이 피어났다고 생각될 때 관수를 시작한다.

🔟 관수

속배양 후 종목을 뽑아보면 종균이 종목 아랫부분에 두껍게 형성되어 있고 종목도 누렇게 변해 있을 것이다.

종목이 이렇게 되면 대단히 강한 세력을 유지하고 있고 이제 관수할 때가 된 것이다.

상황버섯 재배에서 이 시기는 가장 중요한 시기 가운데 하나이다.

처음에는 재배사 내의 모든 것이 말라 있으므로 바닥에 물이 흥건히 흐르고 마사토내에 푹 스며들며 종목 밑 종균에 닿을 정도로 많이 관수한다.

통상 재배사의 조건에 따라 다르지만 1시간 이상 관수한다.

이틀날 재배사에 들어가 보면 많은 푸른곰팡이가 피어 있다.

푸른곰팡이가 다 죽을 때까지 기다리지 말고 종목이 어느 정도 마르면 다시 관수한다.

종목이 마르는 데는 날씨에 따라 다르지만 통상 1~2일 정도 걸린다.

이후 재배사나 날씨에 따라 다르지만 맑으면 하루에 20~30분 정도 관수한다.

오전, 오후로 10~15분씩 나눠 관수할 수도 있다.

관수할 때마다 많이 관수해서 종목이 푹 젖도록 한다.

속배양 뒤 몇 번 관수하면 종목이 누렇게 변하면서 종균기운이 감돌게 되는데 이때부터 곰팡이가 좀 남아 있더라도 곰팡이는 무시하고 많이 자주 관수하여 나무가 항상 축축해야 곰팡이가 서서히 사라지면서 물방울 같은 싹이 곳곳에서 나오게 된다.

그리고 관수를 시작할 때부터 온도가 35℃ 이상 올라가면 바로 환기를 시켜 35℃ 이상 올라가지 않도록 하고, 30℃ 이하로 떨어지지 않도록 한다. 날씨가 좋지 않아 온도가 떨어지거나 밤에 온도가 떨어지는 것은 그대로 둔다.

나온 싹이 잘 자라도록 최대의 노력을 기울인다.

관수하고 말리고, 관수하고 말리고를 반복한다.

재배사 내의 상태를 계속 후덥지근하게 유지한다.

재배사 안이 좀 축축하더라도 주기적으로 관수한다. 축축하고 후덥지근하게 계속 관리하면 싹이 나와 자라면서 곰팡이는 서서히 사라진다.

햇살이 강하면 오전 10~15분, 오후 10~15분 정도 관수한다.

계속 충분히 관수하며, 온도도 30℃ 정도로 관리한다.

관수시간을 표시해 두지만 어디까지나 영남알프스 상황버섯농장의 조건에 맞는 시간이다. 참고할 수 있도록 시간을 표시해 둔 것뿐이다.

얼마나 어느 정도의 간격으로 줄 것인지는 노즐의 간격, 수압의 세기, 재배사의 구조나 일조량, 날씨, 지역에 따라 달라지므로 초시계를 가지고 다니면서 관수 시간과 양을 재배사에 맞게 터득하여 나가는 것이 좋다. 이 책에 나오는 다른 시간도 참고용으로 지역에 맞게 잘 조정해 나가야 한다.

속배양이 잘 된 종목은 좀 많이 관수해도 지장이 없다.

재배사 내의 상태를 좀 밝게 하면서 온, 습도를 맞추면 싹이 나오고 푸른곰팡이는 사라진다.

버섯 발생 시에는 재배사 내의 온도가 높을 때만 환기를 실시하고 가능하면 환기를 하지 않는다.

군데군데 물방울 같은 싹이 났더라도 종목을 축축하게 유지하고 재배사 내의 상태를 후덥지근하게 하면 싹들이 한곳으로 뭉치면서 소 혓바닥 같은 버섯 모양을 이루어 나간다.

관수에 주의를 기울이고 보온시켜야 싹이 발생한다.

싹이 어느 정도 나오면 온도 및 습도를 좀 낮춘다.

35% 차광막을 덧씌우는 것을 고려하여 조도를 조절해 나가며 환기도 시킨다.

재배사 안이 밝으면 종균은 잘 배양되고 싹은 잘 발생되지만 자칫 주의하지 않으면 나온 싹이 말라붙거나 이쁜 모양으로 자라지 못한다. 적당한 때에 차광막을 더 덮어야 한다.

온도를 좀 낮추면 갓이 잘 형성되며, 버섯이 이쁜 모양으로 자란다.

그리고 돋아난 싹이 말라붙지 않도록 자주 조금씩 관수한다.

싹이 많이 나오고 노란 색깔을 유지하면서 모양을 계속 좋게 만들어 나간다.

🍄 싹이 나기 시작하면 앞, 뒤나 측면 환기구보다 천정 환기구로 환기시키는 것이 버섯이 훨씬 잘 자라는 것을 실제 재배하면서 실험하고 경험한 것이다.

버섯 발생 시에는 원목이 축축하게 되도록 적당한 습도를 유지해 주어야 한다.

수분이 부족할 때 땅바닥과 닿은 부분에 버섯이 발생하여 버섯 속에 흙이 스며들게 되거나, 버섯이 드문드문 튀어나오게 되므로 품질이 떨어지게 된다.

또한, 성장 시 수분이 부족하면 아예 버섯이 성장을 멈추고 딱딱하게 말라버리게 된다.

반면 원목 전체가 너무 젖어 있을 경우 버섯의 모양이 볼품없이 자라게 된다.

이제까지 종목을 심어 싹틔우기까지의 과정을 설명했다.

상황버섯은 우량종목을 만들어 싹을 틔웠다면 거의 성공한 셈이다. 지금부터 관리만 잘한다면 여러 해에 걸쳐 여러 번 품질 좋은 버섯을 수확할 수 있다.

⑪ 싹틔운 버섯 잘 관리하기

싹틔운 버섯을 잘 재배하기 위해서는 상황버섯 재배의 필수적인 요소, 네 가지

❶ 온도

❷ 습도

❸ 조도(빛의 밝기)

❹ 환기(이산화탄소와 산소의 농도)를 잘 맞추기 위해 노력해야

한다.

종목을 심은 뒤 두껍게 종균이 배어 나오도록 한 지금은 5월 말이나 6월 초, 중순쯤 되었을 것이다.
1년 중 재배에서 가장 주의를 기울여야 할 시기가 6월에서 8월까지이다.

🔔 상황버섯은 고온성 버섯으로 30℃ 가까운 온도에서 잘 자라나 온도를 많이 올린 채 장시간 있으면 종균이 사멸될 수 있으므로 주의해야 한다.
여름철의 고온기에 잠시 방심하면 잘 배양된 종목의 세력을 급격히 약화시킬 수 있다.
햇볕이 강하고 온도가 높을 때는 수시로 재배사를 드나들면서 여러 점을 체크하고 그에 맞게 조절해 준다.

싹이 어느 정도 나오면 35% 차광막으로 조도를 조절해 주고 측면으로 빛이 많이 들어 올 수 있도록 천정보다 얇게 덮어야 한다. 다시 말해 천정으로 들어오는 빛에 의한 조도에 맞게 측면도 차광을 한다.
또한, 이때부터는 온도에 따라 환기를 적당히 늘려나가야 한다.
여름철 고온기에는 환기를 많이 시켜 고온으로 인한 피해를 방지해야 한다.
관수도 더 자주 많이 할 필요가 있다.

여러 조건을 잘 맞추어 나온 싹들이 잘 자라고 있다.

⑫ 6월에서 8월까지 고온기에 주의할 점

1. 환기를 더 많이 시킨다.

환기의 두 가지 목적은 산소량의 증가와 온도를 떨어뜨리는 것이다.
여름철 고온기에는 더 많은 산소가 필요하고 온도의 변화가 심하
므로 환기에 세심한 주의를 기울여야 한다.

7, 8월에는 되도록 많이 환기시키며, 폭염에는 밤낮 환기구를 열
어 환기를 시킨다.

물론, 온도가 떨어지거나 장마가 지면 환기구를 적당하게 조절해
야 한다.

2. 관수를 더 많이 한다.

나온 버섯이 말라붙거나 진한 고동색으로 변하지 않도록 종목이
축축한 상태를 유지하도록 한다.
버섯의 끝부분(다시 말해서 버섯 자실체의 끝부분)이 계속 노란
색깔을 유지하면서 자라도록 노력한다.

3. 차광을 더 시킨다.

차광은 비닐(0.08mm)+카시미론 솜 8온스 한 겹(지역에 따라
4~8온스 한 겹을 더 덮어 조도를 조절할 수도 있다)+비닐
(0.08mm)+차광막 75% 1벌에 차광막 35%를 적당하게 씌워 조도
를 조절한다.

또 다른 방법으로 비닐(0.08mm)+비닐(0.08mm)+차광막 95% 1벌
에 차광막 35%를 적당하게 씌워 조도를 조절할 수도 있다.
이 방법은 기술에 어느 정도 자신이 있을 때 시도할 것을 권하고
처음에는 카시미론 솜을 넣어 재배하는 것이 좋다.

🏺 7월 어느 시점에 장마가 끝난 뒤 매우 강한 햇볕에는 특히 조
도를 맞추는 일에 주의를 기울여야 한다.
이때는 차광막을 신속하게 더 많이 덮어 조도를 맞추도록 한다.

앞서 기술하였지만, 측면은 차광막을 말아 올려 적당한 조도를 맞
추어 나가야 한다.

요약하자면 한여름 고온기에는 가능하면 재배사를 자주 드나들면서 다음의 조건을 맞추기 위해 노력한다.

❶ 환기를 많이 시킨다.

❷ 관수를 많이 자주 한다.

❸ 조도를 맞추기 위해 차광막을 더 덮는다.

❹ 해충의 피해를 입지 않도록 주의한다.

고온기에 여러 조건을 맞추어 버섯이 잘 자라고 있다

⓭ 가을철 재배법

1. 관수

8월 중순이 지나면 점차 관수량과 횟수를 줄여간다.

9월 들면 관수량을 많이 줄여간다.

9월까지는 하루 두 번 정도씩 종목이 젖을 정도로 관수한다.

예를 들면 햇볕이 강하다면 초순에는 10~20분 정도 1번 주거나 오전, 오후로 나눠주든지 한다.

중, 하순으로 가면서 5~15분 정도로 줄여간다.

10월 들면 관수량을 더 줄여나간다.

11월 초, 중순경 첫얼음이 얼면 관수를 중단한다.

관수를 중단한 후에는 이듬해 2월 말까지 환기구를 조금만 열어 월동한다.

2. 조도(빛의 밝기)

8월 중순경부터 햇볕의 강약에 따라 35% 차광막을 적당히 벗겨가면서 조도를 조절한다.

가을 수확이 끝난 뒤 11월 중순경부터 비닐(0.08mm)＋카시미론 솜 8온스 한 겹(지역에 따라 4~8온스 한 겹을 더 덮어 조도를 조절할 수도 있다)＋비닐(0.08mm)＋차광막 75% 1벌로 겨울을 지낸다.

또는 비닐(0.08mm) + 비닐(0.08mm) + 95% 차광막 1벌에 차광막 35%로 적당히 조절하면서 겨울을 지낼 수도 있다.

3. 환기

8월 중순경부터 환기량을 줄여간다.

천정 환기구는 계속 열어둔다.

9월 들면 천정 환기구를 몇 개씩 닫아간다.

10월 들어 천정 환기구를 더 닫아간다.

가을 들면 여름 못지않게 환기에 주의를 기울인다.

적당한 환기가 되고, 일교차를 크게 해주어야 포자층이 진하고 버섯이 단단해진다.

가을이 되어 버섯의 색깔이 점차 고동색으로 바뀌어 가고 있다.

10월 들어서도 천정 환기구는 적당히 몇 개씩 열어둔다.

11월 들면 버섯 수확은 마쳤으나 천정 환기구는 다 닫지 말고 몇 개씩 열어두되 개수를 줄인다. 물이 얼 지경이 되면 천정 환기구만 몇 개씩 열고 겨울을 지낸다.

몹시 추우면(재배사 내의 온도가 영하로 떨어질 경우) 천정 환기구를 모두 닫는다.

정상적인 겨울 날씨면 천정 환기구는 몇 개씩 열어 둔다.

이렇게 이듬해 봄까지 겨울철 관리를 한다.

대략 2월 말까지 이렇게 지낸다.

🔔 단, 이 날짜는 경북 청도 지방에서 재배한 경험적인 날짜로 참고용이므로 각 지역의 특성에 맞춰 날짜를 조정해야 할 것이다. 이 책에 나오는 다른 날짜나 관수 시간도 단지 참고용으로 스스로 재배사의 상태나 지역에 맞게 조정해 나가야 한다.

🔢 수확

1. 수확 시기

수확의 적기는 10월 초, 중순경이다. 물론 지역이나 날씨에 따라 다르겠지만 10월에는 버섯 수확을 마치는 것이 합리적이라 생각된다.

2. 수확하는 도구

지면재배는 버섯이 종목 옆에 달리고 수확하는 면이 둥글게 되어있으므로 일상생활에서 많이 사용하는 긴 나무 자루가 달린 둥근 삽의 끝부분을 전동그라인드로 날카롭게 갈아서 수확하면 한결 편하고 힘이 적게 든다.

3. 수확하는 방법

지면재배는 땅에 묻혀 있는 종목에 버섯이 옆 부분에 달려 있으므로 종목을 발로 밟고 삽의 예리한 끝부분으로 버섯을 수확하면 된다.
한 번에 버섯을 따내려 하지 말고 삽으로 여러 번 버섯과 나무를 분리하여 서서히 수확하여야 나무를 상하게 하지 않을 수 있다.

4. 수확한 버섯 건조하기

소량의 버섯을 수확하였다면 그물망이나 대나무 소쿠리 같은 곳에 담아 통풍이 잘되는 그늘에서 10~15일 정도 말리면 된다.

많은 양이라면 건조기를 사용하여 40~50℃ 정도로 10~15시간 정도 건조하면 된다.
건조된 버섯은 통풍이 잘되고 그늘진 곳에서 여러 해 보관이 가능하다.

수확 전의 모습. 3년생 버섯들이 수확을 기다리고 있다.

수확 전의 모습, 4년생 버섯들
잘 재배하면 4년이 되어도 튼튼한 버섯이 계속 자란다.

수확 후의 폐목 정리. 수확 후 폐목을 들어내고 있다.

⑮ 겨울철 관리

상황버섯은 관리만 잘하면 원목의 수명이 다할 때까지 계속 수확할 수 있다.

동절기에는 정지되었다가 이듬해 봄 4월경부터 다시 자라며 이때 색깔은 자라나오는 부분은 노란색으로 자라며 지난해 자란 부분은 점차 진한 고동색으로 변해 간다.

겨울철에는 건조하고 기온이 낮은 상태를 유지하는 것이 이듬해 버섯 성장에 도움이 된다.

18장 가정의 거실에서 화분에 심어 화초 키우듯 가꿔보기

가정의 거실이나 안방에서 키우기 위해서는 싹을 틔운 종목을 종목 만드는 곳이나 농가에서 구입해야 한다.

1 공중재배

1. 재료 준비하기

공중재배는 네모로 된 사과상자 같은 화분을 꽃가게에서 산다. 물론 물 빠짐이 좋아야 하므로 받침대가 있어야 한다.
상자에 물 빠짐이 좋은 모래를 채우고 상자 양쪽에 길이 50cm가량의 지지대를 세워 움직이지 않게 고정한다.
양쪽 지지대를 줄로 연결한다.

2. 종목 매달기

종목 위 중앙에 못을 박고 구부린다.
줄에 종목을 매단다.
상자 크기에 따라 한 개에서 여러 개 종목을 매달 수 있다.

3. 관수

처음에는 밖에서 종목과 모래가 다 젖을 정도로 물을 많이 적신다.
거실이나 안방에 갖다 두고 며칠 지나면 나무가 마른다.
이때부터 스프레이로 종목을 적실 정도로 물을 뿌린다.
이후 종목이 마르면 하루 한두 번 물을 뿌린다.
한여름에는 환기가 많이 되고 자주 건조해지므로 물을 더 자주 뿌리고 나머지 계절에는 종목이 마르면 적당히 관수한다.

4. 조도

상황버섯은 빛을 좋아하는 균류이므로 어두운 방에 두어서는 안 된다.
거실이나 안방의 형광등 불빛이면 좋으나 너무 밝다고 생각되면 가구의 그림자가 드리우는 곳에 둔다. 단, 직사광선이 비치는 베란다는 피하고 베란다의 식물이 드리우는 그림자 뒤에 두면 된다.

5. 온도

30℃ 가까이 되면 잘 자라나 20℃ 이상이 되면 성장하는 데 문제가 없으므로 거실이나 안방, 베란다 어느 곳이든 적당한 그림자가 드리우는 곳이면 좋다.

🔔 상황버섯은 습도나 환기, 조도, 온도 등에 민감한 균류이므로 처음 재배할 때 안방이나 베란다, 거실 이곳저곳으로 옮겨 며칠씩

두면서 관수를 달리 해 보면 얼마 지나지 않아 어떻게 재배해야 할지 방법을 터득하게 된다.

잘 관리하면 여러 해를 두고 수확할 수 있다.

❷ 지면재배

1. 재료 준비하기

지면재배는 가정에서 일반적으로 사용하는 화분과 받침대를 사용하면 된다. 여러 개 심으려면 사과 상자 같은 네모난 화분을 구입하면 된다.

종목의 지름이 통상 15cm 정도이므로 그에 맞는 화분을 구입하면 된다.

굵은 마사토를 채우면 좋은데 많은 꽃가게에서 마사토를 봉지에 넣어 판매한다.

구입하기 힘들다면 물 빠짐이 좋은 굵은 모래를 채운다.

2. 종목 심기

종목은 길이가 통상 20cm 정도이므로 7cm 정도 마사토에 심고 종목 위에도 마사토를 2~3cm 정도로 덮는다.

덮고 손으로 꼭꼭 눌러준다.

3. 관수

처음에는 밖에서 종목과 모래가 다 젖을 정도로 물을 많이 적신다.

거실이나 안방에 갖다 두고 며칠 지나면 나무가 마른다.

이때부터 스프레이로 종목을 적실 정도로 물을 뿌린다.

이후 종목이 마르면 하루에 한두 번 물을 뿌린다.

한여름에는 환기가 많이 되고, 자주 건조해지므로 물을 더 자주 뿌리고 나머지 계절에는 종목이 마르면 적당히 관수한다.

4. 조도

상황버섯은 빛을 좋아하는 균류이므로 어두운 방에 두어서는 안 된다.

거실이나 안방의 형광등 불빛이면 좋으나 너무 밝다고 생각되면 가구의 그림자가 드리우는 곳에 둔다.

단, 직사광선이 비치는 베란다는 피하고 베란다의 식물이 드리우는 그림자 뒤에 두면 된다.

5. 온도

30℃ 가까이 되면 잘 자라나 20℃ 이상 되면 성장하는 데 문제가 없으므로 거실이나 안방, 베란다 어느 곳이든 적당한 그림자가 드리우는 곳이면 좋다.

🔔 상황버섯은 습도나 환기, 조도, 온도 등에 민감한 균류이므로 처음 재배할 때 안방이나 베란다, 거실 이곳저곳으로 옮겨 며칠씩 두면서 관수를 달리 해 보면 얼마 지나지 않아 어떻게 재배해야 할지 방법을 터득하게 된다.
잘 관리하면 여러 해를 두고 수확할 수 있다.

최근에 일본에서는 전염병의 확산으로 집에서 표고버섯을 재배하는 사람이 늘고 있기 때문에 버섯재배키트 매출이 증가하고 있다고 한다.

상황버섯도 싹을 잘 틔워 키트를 만들어 저렴한 가격으로 구입하거나, 직접 가정에서 화분에서 화초 키우듯 취미로 재배하는 것이 일상적인 일이 될 때를 기대한다.

19장 4월 초순에 종목을 심어 싹틔운 실제 사례

겨울에 원목을 벌채하여 종목 배양을 한 뒤 5월 중, 하순 경 종목을 심는 것이 기후 조건상 재배에 가장 적합하다고 할 수 있다.
그러나 종목을 일찍 배양해서 4월 초순에 심어 시험 재배해 보았다.
의외로 튼튼한 우량종목을 만들 수 있었고 싹이 잘 나와 재배가 대단히 성공적이었다.
이 내용은 지면 재배의 내용이지만 공중재배는 지면재배보다 좀 더 많은 광, 관수와 환기, 특히 측면 환기가 필요하다는 점만 기억한다면 재배에 어려움이 없을 것이다.
지금부터 실제 경험을 그대로 기록해 두므로 참고할 수 있다.

1 재배사 준비

3월 초순경, 지난가을 수확을 마친 재배사를 해체하고 트랙터를 사용해 마사토를 어느 정도 긁어내고 한 달 정도 자연광으로 소독한 뒤 마사토를 20~30cm 정도 덮고 비닐과 카시미론, 차광막을 덮고 환기구를 설치했다.

차광은 비닐(0.08mm)+카시미론 솜 8온스 한 겹(지역에 따라 4~8온스 한 겹을 더 덮어 조도를 조절할 수도 있다)+비닐(0.08mm)+차광막 75% 1벌을 덮었다.

2 종목 긁고 심기

• 4월 1일~3일

7, 8, 9동에 종목을 긁어서 마른 마사에 종목길이의 1/3정도 심었다.

3 속배양

• 4월 3일~16일

약 2주일 동안 모든 환기구를 닫고 온도를 올려 종목 속 종균을 활성화했다.

흐린 날이 며칠 있었고 비 오는 날도 있었다.

30℃ 이상 올라가는 날이 여러 날 되었다.

4 관수

• 4월 17일

14일 정도 속배양 후 종목을 뽑아보니 종균이 두껍게 형성되어 있었고 종목에 종균이 누렇게 배어 나와 대단히 강한 세력을 유지하고 있었다. 관수할 때가 된 것이다.

각 재배사에 바닥에 물이 흥건할 정도로 1시간 이상씩 관수했다.

• 4월 18일

재배사 내에 들어가니 많은 푸른곰팡이가 피어 있었다.

관수는 하지 않고 환기구를 모두 닫아 두었다.

낮에는 온도가 30℃ 이상 올라갔다.

• 4월 18일~4월 20일

환기구를 모두 닫고 온도를 올려 종목과 바닥이 어느 정도 마르게
했다.

푸른곰팡이는 아직 많이 피어 있다.

• 4월 21일

종목과 재배사 안이 어느 정도 건조해졌다.

오전 11시경 각 동 30분 정도씩 관수했다.

• 4월 23일

오전 11시경 각 동 30분 정도씩 관수했다.

푸른곰팡이가 사라지면서 종목이 누렇게 변했다.

• 4월 24일~4월 30일

오늘부터 햇볕이 따가울 때는 매일, 흐리면 2~3일 간격으로 한
동에 20~30분 정도씩 관수했다. 환기구는 계속 닫고 나무가 마르
면 바닥에 물이 흐를 정도로 관수했다.

🏺 속 배양 후 관수를 많이 하면서 온도를 높여야 싹이 나온다.
곰팡이가 사라지고 나면 종목에 종균이 누렇게 배어 나오는데 이
때가 대단히 중요한 때이다. 관수를 많이, 자주 하고 35℃ 이상
올리지 않는다.

5 발이

• 5월 1일

관수 시작 후 14일 정도 지나자 각 재배사에서 몇 개씩 싹이 나오기 시작했다.

이제 푸른곰팡이는 거의 사라졌다.

🔔 가능한 환기구는 닫고 온도를 올려야 곰팡이가 죽으면서 싹이 나온다.

싹이 나오기 시작하면 다른 종목도 싹이 나올 준비가 된 것이다.

곰팡이를 이기고 원기 왕성한 상태가 된 것이다.

싹이 나오기 시작하면 종목의 세력이 강하고 모든 조건이 잘 맞는다는 증거이다.

이때부터 흐리거나 비 오는 날 빼고 많이 자주 관수해서 모두 싹이 나오게 주의를 기울인다.

싹이 어느 정도 나오면 환기를 시켜야 모양이 잘 형성된다.

싹이 나오면 이산화탄소량이 증가하고 이에 맞게 산소를 공급시켜 주어야 한다.

싹이 나오면 35℃ 이상 높이지 말고 즉시 환기를 하여 온도를 낮춘다.

온도가 높을 때 적당히 환기하여 온도를 맞추면 싹이 훨씬 더 많이 나오는 것을 느낄 수 있다.

싹이 나오고 온도가 높다면 주기적으로 하루에 20~30분 정도 주는 것에 더해 싹이 마르지 않도록 살짝살짝 관수한다.

싹이 어느 정도 나오면 관수를 자주하고 환기를 시켜야 물방울같이 종목 이곳저곳에 나온 싹이 한 곳으로 뭉치면서 버섯 모양을 형성하여 가면서 매끈하게 잘 성장한다.

몇 개에서 싹이 나오기 시작하는데 관수를 게을리하거나 중단하면 치명적이다.

나온 싹이 모두 말라붙어 버린다.

온도가 높다면 매일 20~30분 정도씩 관수하되 오전, 낮, 오후로 나눠 관수하여 나무가 항상 축축하게 하여 싹을 모두 틔우도록 한다.

싹이 거의 나오면 이때부터 흐리거나 비 오는 날 빼고 자주 많이 관수하여야 한다.

햇살이 강하면 하루 여러 번 관수하여야 한다.

노란 싹이 군데군데서 나오고 있다.

나온 싹이 점점 커지면서 한곳으로 뭉치고 있다.

조건이 잘 맞아 싹이 곳곳에서 나와 서서히 뭉치고 있다.

몇 개의 종목에서 싹이 나오기 시작하자 나머지 종목들에서도 싹이 나오기 시작하여 하루가 다르게 재배사 안이 버섯의 싹들로 노란 색깔로 변했다.

얼마 지나지 않아 거의 모든 종목에서 싹이 물방울 같이 돋아났으며, 싹이 나오지 않은 종목을 거의 찾아볼 수 없었다.

절반 가까이 싹이 돋아났을 때 환기를 시키고 싹이 말라붙지 않도록 자주 관수를 했다.

재배가 상당히 잘 되었고 싹이 나오지 않은 종목이 거의 없었으며 버섯의 모양도 상당히 이쁘게 잘 자랐다.

이후의 재배법은 기존 자라는 버섯을 재배하는 방법과 동일하게 재배했다.

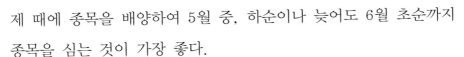

20장 8월 말에 종목을 심어 싹틔운 실제 사례

제 때에 종목을 배양하여 5월 중, 하순이나 늦어도 6월 초순까지 종목을 심는 것이 가장 좋다.

그러나 과거에 종목 배양을 늦게 하여 8월 말에 종목을 심어 시험 재배한 실제 경험을 그대로 기록해 두므로 참고할 수 있다.

1 재배사 준비

3월 초순경, 지난가을 수확을 마친 재배사를 해체하고 한 달 정도 자연광으로 소독하고 4월 초순경 새로 비닐과 차광막을 덮고 환기구를 설치했다.

마사토를 20~30cm 정도 덮고 재배사를 준비하고 종목을 심을 때까지 모든 문과 환기구는 활짝 열어두었다.

2 종목 긁고 심기

• 8월 19, 20, 21일

6, 7, 12동에 종목을 긁어서 마른 마사에 종목길이의 1/3 정도 심었다.

• 8월 19일

남자 인부 3명이 트랙터에 실어주면 각 재배사로 종목을 옮겼다. 종목 긁는 기계로 남자 인부 2명이 계속 긁는 작업을 했다. 여자 인부 5명은 심는 작업을 했다.

• 8월 20일

남자 인부들은 긁는 작업을, 여자 인부들은 계속 심는 작업을 했다.

• 8월 21일

모든 작업을 오후 3시경에 완료하고 인부들을 퇴근시켰다.

재배사 내에서 종목을 긁고 심는 작업

❸ 속배양

• 8월 21일 ─ 9월 1일

온도를 높여 종목 속의 균을 활성화하기 위해 모든 환기구를 계속
꽉 닫았다. 이후로도 싹이 거의 나올 때까지 꽉 닫아 두었다.
도중 흐린 날도 며칠 있었고 비 오는 날도 있었다. 35℃ 가까이
올라가는 날도 며칠 있었다.

❹ 관수

• 9월 2일

12일 정도 속배양 후 종목을 뽑아보니 종균이 두껍게 형성되어 있
었고 종목에 종균이 누렇게 배어 나와 대단히 강한 세력을 유지하
고 있었다. 관수할 때가 된 것이다.
각 재배사의 바닥에 물이 흥건할 정도로 1시간 이상 관수했다.

• 9월 3일

재배사 내에 들어가니 많은 푸른곰팡이가 피어 있었다.
관수 하지 않고 환기구를 모두 닫아 두었다.

• 9월 3일~9월 5일

환기구를 모두 닫고 온도를 올려 종목과 바닥이 어느 정도 마르게
했다.

• 9월 6일

종목과 재배사 안이 어느 정도 건조해졌다.

오전, 낮, 오후 10분 정도씩, 모두 30분 정도 관수했다.

이후 나무가 거의 마르면 관수했다.

• 9월 7일~9월 14일

오늘부터 햇볕이 따가울 때는 매일, 흐리면 2~3일 간격으로 한 동에 20~30분 정도씩 관수했다.

12동은 수압이 좀 약해서 30~40분 정도 관수했다.

계속 환기구는 닫고 나무가 마르면 바닥에 물이 흐를 정도로 관수했다.

푸른곰팡이가 사라지면서 종목이 누렇게 변했다.

🔔 속 배양후 관수를 많이 하면서 온도를 높여야 싹이 나온다.

가능하면 환기구는 닫고 온도를 올려야 곰팡이가 죽으면서 싹이 나온다.

싹이 나오면 35℃ 이상 올리지 말고 즉시 천정 환기구를 열어 온도를 낮춘다.

싹이 나오기 시작하면 다른 종목도 싹이 나올 준비가 된 것이다.

곰팡이를 이기고 원기 왕성한 상태가 된 것이다.

싹이 나오기 시작하면 종목의 세력이 강하고 모든 조건이 잘 맞는다는 증거이다.

이때부터 흐리거나 비 오는 날 빼고 많이 자주 관수해서 모두 싹이 나오게 주의를 기울인다.

곰팡이가 사라지고 나면 종목에 종균이 누렇게 배어 나온다. 이때
가 대단히 중요한 때이다. 관수를 많이, 자주 하고 35℃ 이상 올
리지 않는다.

몇 개에서 싹이 나오기 시작하는데 관수를 게을리하거나 중단하면
치명적이다.

나온 싹이 모두 말라붙어 버린다.

온도가 높다면 매일 20~30분씩 관수하되 오전, 낮, 오후로 나눠
관수하여 나무가 항상 축축하게 하여 싹을 모두 틔우도록 한다.

싹이 거의 나오면 이때부터 흐리거나 비 오는 날 빼고 자주 많이
관수하여야 한다.

햇살이 강하면 하루 여러 번 관수하여야 한다.

5 발이

• 9월 14일

관수 시작 후 12일 정도 지나자 각 재배사에서 몇 개씩 싹이 나오
기 시작했다. 몇 개에서 싹이 나오면 하루가 다르게 많은 싹이 뒤
따라 나온다.

🔔 싹이 1/3 정도 나오면 환기를 시켜야 모양이 잘 형성된다.

싹이 나오면 이산화탄소량이 증가하고 이에 맞게 산소를 공급시켜
주어야 한다.

싹이 나오면 35℃ 이상 올리지 말고 즉시 환기를 하여 온도를 낮
춘다.

온도가 높을 때 적당히 환기하여 온도를 낮추면 싹이 훨씬 더 많이 나오는 것을 느낄 수 있다. 싹이 나오면 주기적으로 1~2일에 30분 정도 주는 것에 더해 싹이 마르지 않도록 살짝살짝 관수한다.

관수 시작할 때부터 싹이 말라붙지 않도록 하고, 싹이 난 후 재배사 내의 온도가 35℃를 넘으면 천정 환기구를 즉시 여닫는다. 싹이 좀 나오면 바로 35% 차광막으로 조도를 조절해 준다. 싹이 어느 정도 나오면 관수를 자주 하고 환기를 시키면서 차광을 조금 더 해야 버섯이 매끈하게 잘 성장한다.

10~15일 정도 지나면 싹이 거의 다 발생 될 것이나
9월 중순 이후 온도가 낮아 발생하던 싹은 발생을 멈추었다.
이후 기존 재배하던 버섯과 같이 재배를 하다가 겨울이 다가와 관수를 중단하고 겨울을 지냈다.

그러나 종목이 잘 배양되었고 속배양 과정을 거쳐 튼튼한 종목을 만들었으므로 이듬해에 싹이 잘 발생되고 성장하였다.

21장 상황버섯 재배 핵심기술 13가지

1 우량종목 만들기

종목을 배양할 때 저온으로 배양하면 튼튼하고 우량종목을 만들 수 있다. 고온으로 배양한 종목은 나중에 여러 가지 문제를 일으 킨다.

2 속배양 하기

속배양이란 종목 속 종균을 활성화하는 작업을 말한다.

종목을 묶고 매달거나, 심고 난 뒤, 관수를 하지 않고 환기구를 닫 아 적당한 온도와 조도를 맞춰 종균이 종목 안에서 활성화되어 종 목을 튼튼하게 만들면 종균이 밖으로 많이 배어 나오게 된다. 그 다음 관수를 시작한다. 속배양 기간은 날씨에 따라 5~15일 정도 걸린다.

기존 재배하던 버섯은 3월 초에 모든 환기구를 닫아 한 달 이상 종목 속 종균이 활력을 되찾게 해준다. 4월 초, 중순경에 종목이 누렇게 되고 종균이 배어 나오기 시작할 때 관수를 시작한다.

우량버섯을 생산하기 위해서는 반드시 거쳐야 할 작업으로 상황버 섯 재배의 핵심기술이다.

3 속배양 후 관수하기

새로 매달거나 심은 버섯이나 기존 자라던 버섯이나 모두 속배양 후 처음 관수할 때는 바닥에 물이 흥건할 정도로 많이 관수한다. 이후 종목을 어느 정도 '말리고 관수하고, 말리고 관수하고'를 반복하여 싹이 나오게 하고 기존 자라던 버섯도 잘 자라게 한다.

4 싹을 틔우기 위한 재배사의 조건 형성하기

새로 심은 종목은 재배사가 좀 밝고 온도가 어느 정도 높으며 습기가 많아야 싹이 나오게 된다.
그러므로 싹을 틔우기 위해서는 차광막을 얇게 덮고 가능한 환기를 억제하면서 관수를 많이 해야 한다.

5 버섯 발생과 성장 필요조건 충족시키기

가능하면 환기를 억제하고, 은은한 산광이 필요하며, 30℃ 정도의 온도와 약 90%의 습도가 되어야 한다.
상황버섯은 고온다습한 조건을 만들어 주어야 버섯이 잘 발생하며 생육이 왕성하다.

여러 조건을 잘 맞추어 버섯이 두껍게 노란색을 띠며 진한 포자층을 형성하고 있다.

조건을 맞추어 잘 자란 버섯. 버섯이 두껍게 자라면서 포자층이 진하게 형성되어 간다.

6 환경에 맞게 관수하기

봄, 여름, 가을 관수를 달리해야 한다.

또한, 날씨와 온도에 따라 관수량과 시기도 조절해야 한다.

어느 때이든 온도가 많이 오르고 건조하면 관수를 많이 하고, 여름이라도 온도가 낮고 비가 오면 관수를 줄인다.

봄에 재배를 시작할 때 바닥에 물이 흐를 정도로 많이 관수하고 이후 종목이 '마르면 관수하고, 마르면 관수하고'를 반복한다.

여름에는 자주 많이 관수하여 종목이 축축하도록 유지하고, 가을에는 관수량을 많이 줄여야 포자층이 잘 형성되고 색이 진하면서 무게가 많이 나가는 우량버섯이 될 수 있다.

7 계절과 날씨에 따라 차광막을 달리 덮기

햇볕이 강할수록 여름으로 갈수록 차광막을 더 덮는다. 반대로 햇볕이 약할수록 봄이나 가을에는 차광막을 얇게 덮는다. 천정과 측면의 차광도 달리해야 한다.

측면의 차광이 천정보다 얇게 해야 한다.

또한, 공중재배가 지면재배보다 광이 더 필요하다.

적당하게 차광을 하여 잘 자란 버섯들.
나온 버섯들이 한 곳으로 뭉쳐 이쁜 모양을 형성해 간다.

8 날씨와 조건에 따라 환기 달리하기

속배양을 할 때는 가능한 한 환기를 억제한다. 종목에 싹이 나기
전에도 마찬가지이다. 그러나 종목에 어느 정도 싹이 나오면 환기
를 시켜야 버섯이 매끈하게 자라고 튼튼한 종목을 유지하게 된다.
한여름 고온기에는 많은 환기가 필요하며 가을철에는 적당하게 환
기를 시키고 일교차를 크게 해주어야 포자층이 잘 형성되며 튼튼
하고 무게가 많이 나가는 이쁜 모양의 버섯으로 성장할 수 있다.
겨울철에도 어느 정도 환기를 시켜야 튼튼한 종목을 계속 유지할 수
있다.

⑨ 환기는 천정 환기구로 하기

모든 환기구를 열어야 할 경우가 아니고 조금의 환기만 필요하다
면 천정 환기구로 환기를 시킬 것을 권한다.

언뜻 생각하기에는 천정으로 환기를 시키면 온기와 습기가 빠져나
가 버섯이 잘 자라지 않을 것 같으나 시험 재배한 결과는 달랐다.
천정 환기구로 환기를 시키는 것이 버섯이 훨씬 잘 자라는 것을
실제 재배하면서 여러 번 실험하고 경험한 것이다.
버섯의 색깔은 물론이고 포자층도 훨씬 더 잘 형성되었다.
물론 공중재배는 천정 환기와 아울러 측면 환기에도 항상 주의를
기울여야 한다.

4년생 버섯이나 적당한 환기가 되어 갓이 잘 형성되고 포자층이 뒷면 전체에
형성되어 있다.

환기를 적당하게 시켜 포자층이 버섯 뒷면 전체에 형성되어 있으며 강한 세력을 유지하고 있다.

⑩ 한여름 고온기에 재배하기

한여름 고온기에는 가능한 한 환기를 많이 시키고 차광을 많이 하며, 관수도 자주 하여 종목이 마르지 않도록 한다.

특히 공중재배는 측면 환기에 주의하여 버섯에 붉은 물방울이 생기거나 버섯 색깔이 붉게 변하거나 썩는 일이 없도록 중간에 달린 종목까지 잘 살핀다.

조건이 맞지 않을 때 종목의 색깔도 검거나 보기 좋지 않은 색깔로 변한다.

버섯이 계속 노란 색깔을 유지하며 자라도록 환기와 관수, 차광에 주의를 기울인다.

또한, 병충해의 해를 입지 않도록 주의한다.

고온기에 조건을 잘 맞추면 버섯이 두껍게 포자층을 형성하며 자란다.

고온기에 조건을 잘 맞추어 크고 튼튼한 버섯이 강한 세력을 유지하며 자라고 있다.

⓫ 관수, 차광, 환기그래프 항상 기억하기

이 책에서 자주 강조하였지만, 계절에 따라 아니, 매일 매일 관수와 차광, 환기에 늘 주의를 기울여야 한다.

특히 그래프를 항상 기억하면서 재배에 임할 것을 권한다.

그래프는 단순하고 간단하지만 재배하면서 늘 생각하고 있어야 한다.

그래프에 익숙해지면 흐리거나 비오는 날, 덥고 습한 날, 햇볕이 강한 날 등에도 적용할 수 있고, 매일매일의 재배에도 응용할 수 있다.

하루 중 덥고 햇볕이 강한 한낮에는 더 많은 관수와 환기, 차광이 필요하고 선선한 아침, 저녁으로는 그렇지 않은 점에 적용할 수 있다.

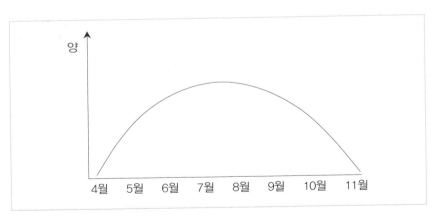

관수, 차광, 환기 그래프
여름으로 갈수록 관수, 차광, 환기를 증가시켜야 한다.

뽕나무 린테우스
관수, 차광, 환기를 잘 조절하여 버섯이 잘 자라고 있다.

⓬ 상황버섯 균의 특성 이해하기

상황버섯 재배기술의 출발점이자 기본은 상황버섯 균의 특성을 잘
이해하고 더 잘 알기 위해 계속 연구, 노력하는 것이다.

몇 가지만 예를 들자면
상황버섯은 산소와 빛을 좋아하는 균류이다.
또한, 고온다습한 환경을 만들어 주어야 잘 자란다.

그러나 이 간단한 내용에도 변화시켜가면서 적용해야 할 점이 많이
있다.
산소를 좋아하기는 해도 환기가 억제되어야 할 때가 있고, 더 많

은 산소를 공급해야 할 때가 있다.

또한, 산소를 공급하는 방식도 연구해야 한다.

갑자기 환기구를 모두 열어 급격하게 환기를 시키는 것보다 은은하게 통기가 되도록 해야 한다.

또한, 빛을 좋아하는 균류이나 직사광선을 쬐어서는 안 된다.

은은한 산광을 좋아한다. 그러나 산광이 더 필요할 때가 있고, 억제되어야 할 때도 있다.

온도도 속배양 때, 관수 시작 뒤, 여름철, 그리고 가을철 모두 달리해 주어야 한다. 또한, 밤, 낮 다르게 된다.

습도 역시 성장상태에 따라 변화를 주어야 한다.

이 책의 앞부분에서 대부분을 설명하였지만 직접 재배하면서 균의 특성을 더 잘 이해하기 위해 노력한다면 더 훌륭한 재배 기술자가 되는 지름길이다.

⑬ 비교하면서 재배하기

이 내용은 아주 중요하지만 간과하기 쉽다. 우량버섯을 재배하기 원한다면 꼭 해 볼 것을 권한다.

여러 동을 재배한다면 몇 동을 택해서 계절이나 날씨에 따라 차광막을 조금씩 달리 덮고 환기 및 관수 시기, 차광막을 덮거나 벗기는 것, 환기를 어느 곳으로 어떻게 시키느냐, 밤에 환기구를 닫는 곳과 열어두는 곳, 관수 시간 등을 달리해서 비교해 보는 것이다. 그리고 그것을 일지에 자세히 기록해 두고 비교하면서 분석해 보는 것이다.

처음에 기록하고 기록된 내용이 적을 때는 어느 방법이 옳은지 알아내기 어려울 수도 있다.
그러나 시간이 지나면서 기록이 쌓이고 내용이 많아지면, 특히 어떤 날씨에 어떻게 했는지, 그때의 재배상태는 어떠했는지 등을 비교하고 분석하면 어느 방법이 옳은지 알아내는 것은 어렵지 않다.
그렇게 하면 자기 지역의 재배사에 맞는 최상의 재배조건과 재배방법을 찾을 수 있다.
상황버섯은 조건을 달리해 보면 얼마 지나지 않아 어느 방법이 옳은지 알아내는 것은 어려운 일이 아니다.

한 동을 재배한다면 계절이나 날씨에 따라 며칠씩 위의 여러 조건들을 달리하면서 재배해 보는 것이다. 그리고 그것을 일지에 기록해 가면서 비교 분석해 본다.
이렇게 하면 얼마 지나지 않아 최상의 재배방법에 점점 접근해 갈 수 있다.

22장 바우미와 린테우스 품종의 재배 시 차이점

바우미와 린테우스는 국내 상황버섯 농가에서 많이 재배하는 상황버섯 품종의 이름이다.

학자들에 따라 견해가 다를 수 있으나 통상 바우미는 장수상황, 린테우스는 고려상황이라 부른다.

근래에는 국내 상황버섯 재배 농가의 대부분이 바우미(장수상황) 품종을 재배한다.

그러나 2000년대 초, 중반까지 린테우스(고려상황) 품종을 많이 재배했다.

두 품종을 재배해 본 결과 바우미는 싹도 잘 나오고 잘 자라며 환경의 변화에 민감했다. 그러나 관리를 소홀히 하면 병충해에 약했다.

하지만 린테우스 품종은 싹이 더디 나오고 천천히 자라며 환경이 변화해도 바우미에 비해 훨씬 덜 민감했다. 또한, 바우미가 3년 길어도 4~5년이면 종목의 수명이 다하나 린테우스는 그보다 종목의 수명이 더 길었다.

또한, 린테우스는 병충해에도 상당히 강하여 곰팡이도 거의 없으며 달팽이나 배추벌레 등도 거의 발견되지 않았다.

그리고 바우미 품종과는 달리 관수량이 적어도 잘 성장했다.

한 가지 주의할 점은 9월 들면 바우미와는 달리 린테우스는 관수량을 대폭 줄이거나 환기를 많이 시켜야 한다는 점이다.

바우미와 같은 양을 관수했을 때 흰 곰팡이가 피게 되는 데 관수
량을 대폭 줄이든지 아예 온도가 많이 올라가지 않는다면 환기를
많이 시키면서 관수를 하지 않는 것도 한 가지 방법이었다.

🔔 지금도 영남알프스 상황버섯농장에는 뽕나무 린테우스 품종을
재배하고 있는데 뽕나무는 목질이 단단해서 우량종목을 만들어 싹
을 잘 틔워 놓으면 3년이 훨씬 넘게 여러 번 수확할 수 있다.
단점이 있다면 성장이 느려 양이 적다는 것이다.
홈페이지에 들어가면 재배 모습을 볼 수 있다.

참나무 바우미(공중재배)

참나무 바우미(공중재배)

참나무 바우미(지면재배)

뽕나무 린테우스(지면재배)

뽕나무 린테우스(지면재배)

23장 상황버섯 병충해 12가지 및 방제법

상황버섯은 버섯 중에서 병충해가 아주 적은 균류에 속한다고 할 수 있다.

육질이 단단해서 별로 병충해의 피해를 입지 않으며, 튼튼한 종목을 만들어서 관리만 잘한다면 병충해 걱정은 거의 하지 않아도 된다. 하지만 부실한 종목과 부실한 관리는 많은 병충해를 부르며 버섯 수확은 커녕 병충해와 싸우다 지치게 된다.

이 책에 기술된 재배방법만 제대로 익혀 재배한다면 병충해 걱정은 거의 하지 않아도 되며 버섯 키우는 재미와 함께 우량품종의 버섯을 다수확 하는 기쁨도 누리게 될 것이다.

그러므로 상황버섯은 비료나 농약을 비롯한 인체에 해로운 다른 약제를 전혀 사용할 필요가 없으며 깨끗한 물만 주면 잘 자라는 버섯이므로 무공해 건강식품으로 소비자도 안심하고 복용할 수 있다.

지금부터 상황버섯에 해를 입히는 병충해에 대해 기술하지만 거의 다 부실한 종목과 부실한 관리로 인한 것들이며, 제 때에 관리만 잘한다면 걱정할 필요가 없는 것들이다.

1 흰곰팡이

흰곰팡이가 핀다는 것은 한마디로 관리 소홀 및 기술 부족이다. 우량종목을 만들어 잘 긁어 매달거나, 심고 속배양 기간을 거쳐서 적당한 시기에 관수와 환기를 하고, 차광을 적당히 한다면 흰곰팡이는 거의 피지 않는다.

🔔 다시 강조하지만, 상황버섯 재배의 핵심기술은 우량종목을 만들고 종목 속 균이 계속 강한 세력을 유지하도록 환경조성과 관리를 해나가는 것이다.
종목 속 균의 세력이 강하다면 어떤 병충해와도 무관하며 우량버섯이 자라게 된다.

흰곰팡이가 피지 않게 하는 가장 좋은 방법은 우량종목을 만들어 종목 속 균의 세력을 계속 튼튼하게 유지시켜 나가는 것이다.
흰곰팡이가 핀다면 그 종목은 내버리는 것이 가장 좋은 방법이다.

없애려고 여러 방법을 시도하는 것은 시간 낭비다.

공중재배의 경우 종목 전체에 번진 흰곰팡이는 종목을 버려야 하고 간혹 버섯 끝에 푸른곰팡이와 함께 흰곰팡이가 피는 경우가 있다. 이것은 좀 어둡고 기온이 낮은 상태에서 관수를 많이 한 경우이다. 조도를 맞추고 종목을 적당히 말려 관수를 한다면 없어진다.

지면재배의 경우 겨울철에 흰곰팡이가 핀다면 땅에까지 번져 땅이

하얗게 되는 경우가 있다.

땅에 더 번지지 않게 하기 위해 땅을 삽으로 파내고 토치램프로 태우는 것도 한 가지 방법이다.

그러나 종목의 수명이 다할 때쯤에는 흰곰팡이가 군데군데 피게 된다. 종균의 약화로 말미암은 어쩔 수 없는 상황이다.

🔔 곰팡이를 비롯한 여러 병충해에 시달린다는 것은 종균세력보다 병충해를 일으키는 균의 세력이 더 강하다는 뜻이다.

그러므로 농부가 할 일은 상황종균의 세력을 최대한 강하게 만들어 여러 잡균의 접근을 차단하는 것이다.

이것이 상황버섯 재배의 핵심기술이다.

② 푸른곰팡이

종목을 긁어 매달거나 심고, 처음 관수를 하면 많은 푸른곰팡이가 피게 된다. 매번 겪게 되는 경험이다.

그러나 재배사 내의 온도를 조금 올리면서 조도를 잘 맞춰 적당한 시기에 관수를 계속해 나간다면 푸른곰팡이는 서서히 사라지며 종목이 활력을 찾아 누렇게 변하거나 싹이 나오면 푸른곰팡이는 거의 사라진다.

걱정할 필요가 없는 곰팡이다.

그러나 푸른곰팡이를 없애려고 과다한 환기를 시키거나 관수를 중단해서는 안 된다.

푸른곰팡이는 무시하고 계속 환경을 잘 맞추어 관리한다면 자동으로 없어지는 곰팡이다.

버섯을 잘 재배하고 있는데도 간혹 푸른곰팡이가 피는 경우가 있다.

환경과 관리를 다시 살핀다면 시간이 지나 없어진다.

❸ 수염 많은 검은 곰팡이

적당한 학술적인 명칭을 몰라 이렇게 부른다.

종목에서 검은 수염이나 머리카락 같은 것이 피어나오며, 손으로 만져보면 검은 가루를 날리며 그대로 두고 관수를 하면 종목에 축 늘어져 달라붙는다.

주로 너무 어둡거나 밝은 곳에서 나며, 관수가 잘 안된 곳에서도 난다.

조도나 환기, 습도와 관련이 있는 것 같다.

종목 속에서 종균이 죽거나 버섯의 수명이 다한 것 같으며, 한번 나면 방제법은 없었으며 내버리는 것이 최상책이었다.

아주 드물게 발견되므로 걱정할 필요는 없다.

4 희고 끈적한 곰팡이

정확한 학명이나 명칭은 잘 몰라 그냥 이렇게 부르겠다.

종목에 붙어서 피며 흰곰팡이와 비슷하나 생김새가 다르다. 손으로 만져보면 끈적끈적하며 조그만 것도 있으나 나무 전체에 번진 경우도 있다.

관수량이 과다하고 환기가 잘 안 된 곳에서 생긴다.

종균세력의 약화와 관련이 있는 것 같다.

방제법은 관수량을 줄이고 마른 뒤 관수하며, 환기량을 늘린다.

아주 드물게 발견되므로 걱정할 필요는 없다.

희고 끈적한 곰팡이

⑤ 솜털이끼 같은 곰팡이

정확한 학명이나 명칭은 잘 몰라 그냥 이렇게 부르겠다.
색깔은 푸른 빛을 띠며 재배사 바닥에 많이 번져 있다.
관수를 많이 하고 습도가 높으며, 온도가 별로 올라가지 않을 때
그리고 차광을 많이 했을 때 주로 생긴다.

버섯은 잘 성장하고 있는데도 생기는 걸 보면 버섯에는 별로 영향
을 미치는 것 같지는 않다.
환경을 잘 맞춰주면 사라진다.

⑥ 붉은 물방울 맺히는 버섯

붉은 물방울이 버섯에 맺힌다면 대개 온도가 높고 환기가 불량하
다는 뜻이다.
환경을 잘 맞춰준다면 정상적으로 돌아온다.
그러나 붉은 물방울이 맺힌 후에도 환경을 맞춰주지 않으면 버섯
이 검은색으로 변하며 썩게 된다.
평소에도 환기가 불량하고 온도가 높으면 생기므로 수시로 재배사
를 드나들면서 관심을 기울여 환기를 시킨다.

🏺 재배사 내의 상태가 정상적인가를 살펴보는 한 가지 좋은 방법
이 버섯에 붉은 물방울이 맺히는가를 보는 것이다. 그리고 버섯
색깔과, 포자층이 잘 형성되는가를 보는 것도 좋은 방법이다.

버섯에 붉은 물방울이 맺혀 있다.

7 흰 버섯

정확한 학명이나 명칭은 잘 몰라 그냥 흰 버섯이라 부르겠다.

가늘고 새로 피어난 어린 목련꽃 송이 같은 하얀 버섯이 종목 여기저기서 피어난다. 만져보면 어린 느타리버섯을 만지는 것 같이 부드럽고 촉촉한 느낌을 준다.

잘 재배하고 있는데도 간혹 생기며, 종목이 약하거나, 수명이 다할 때쯤에는 더 많이 생긴다. 아마 종목 속 균의 세력 약화가 원인인 것 같다.

손으로 계속 뜯어내도 다시 자란다. 드물게 생기므로 걱정할 필요는 없다.

방제법은 연구 대상이다.

흰 버섯. 종목의 수명이 다한 것 같다.

흰 버섯. 버섯이 잘 자라고 있는데도 간혹 자란다.

8 연고동색 버섯

정확한 학명이나 명칭은 잘 몰라 그냥 연고동색 버섯이라 부르겠다. 크기는 어린 것은 손톱만하나 점점 커져 지름 4~5cm 정도로 커진다. 생김새는 대가 없는 느타리버섯과 같으며 느타리버섯보다 갓이 얇고 연한 반투명 고동색이며 땅바닥에 붙어 있다.

주로 땅의 습기가 많은 곳에 생기며 한번 생기면 잘 없어지지 않는다. 큰 연고동색 버섯은 포자를 공중으로 뿜어내는 것이 보이며 제법 많이 뿜어낸다. 빠른 속도로 주변에 번져간다.

상황버섯에 별로 해를 끼치는 것 같지는 않으며, 도움이 되는 것 같지도 않다.

발견되면 발로 땅을 계속 문질러 자라지 못하게 한다.

9 민달팽이(껍질 없는 달팽이)

이 달팽이의 정확한 학명이나 명칭은 잘 몰라 그냥 민달팽이 또는 껍질 없는 달팽이라 부르겠다.

몸뚱이만 있는 달팽이로 손으로 잡으면 끈적끈적한 흰 액체가 나온다. 크기는 1cm도 안 되는 것에서부터 어른 엄지손가락 2배의 크기까지 다양하다.

상황버섯 재배에서 다음에 언급할 배추벌레와 함께 버섯을 갉아먹는 벌레이다.

계절과 관계없이 생긴다. 추위가 찾아오는 11월에도 재배사 내에 돌아다닌다.

버섯을 갉아 먹고 살며, 잘 재배하고 있는데도 생긴다.

그러나 숫자가 아주 적으며 간혹 발견되므로 걱정할 필요는 없다.
버섯을 갉아 먹으며 돌아다닌 표시가 있으므로 쉽게 잡을 수 있다.
조그만 달팽이는 돌아다닌 자국도 조그맣게 나 있으므로 주의해서
살피지 않으면 눈에 잘 띄지 않는다.
또한, 종목의 움푹한 곳에 숨어 있는 경우도 있으므로 주의해서
살펴야 한다.
달팽이의 색깔이 종목의 색깔과 비슷하므로 잡기가 쉽지 않다.

집 있는 조그만 달팽이가 차광막에 많이 붙어 있는 것을 간혹 볼
수 있다. 그러나 버섯에는 별다른 해를 입히지 않았다.

종목 위에 있는 민달팽이 모습

⑩ 배추벌레

이 벌레의 정확한 학명이나 명칭은 잘 몰라 그냥 배추벌레라 부르 겠다.

생긴 것이 꼭 배추를 갉아 먹는 벌레와 같이 생겼으나 색깔은 다 르다. 손으로 잡아보면 아주 약하고 부드럽다.

눌러보면 검푸른 액체가 튀어나오며 특유의 냄새가 난다. 이 액체 가 옷에 묻으면 세탁을 하더라도 잘 없어지지 않는다.

크기는 1~3cm 정도이며, 색깔은 새끼는 연한 고동색이나, 자랄수록 진한 고동색 또는 검은색에 가까운 고동색이다. 활동하는 시기는 6월 중순경부터 9월 하순경까지이다.

기온이 내려가면 어느 날 갑자기 사라지나, 간혹 10월 초, 중순경 까지도 몇 마리씩 발견된다.

재배사 내에 종목의 수가 너무 많을 경우나 환경이 맞지 않으면 더 많이 활동한다.

습도가 너무 높거나 온도가 높을 경우, 환기가 잘 되지 않을 경우 이다.

환기가 잘 되고 버섯이 잘 성장하는 환경이 되면 별로 발견되지 않는다.

튼튼한 버섯과 불량인 버섯이 함께 나란히 자라고 있다면 주로 불 량인 버섯에 달라붙어 있다.

손으로 잡을 경우 손에서 냄새와 색깔이 잘 사라지지 않으므로 핀 셋과 같은 도구로 통을 들고 다니면서 잡는 것이 좋다.
나중에 통에 모아 물을 부어 처리한다.
상황버섯 재배에서 앞서 언급한 달팽이와 함께 버섯을 갉아 먹는 벌 레이다.

종목의 색깔과 비슷해 눈에 잘 띄지 않으나 버섯을 갉아 먹으며 돌아다닌 표시가 있으며 종목 밑에 검은 좁쌀 같은 배설물이 흩어 져 있으므로 쉽게 발견할 수 있다.

공중재배의 경우 종목을 바닥 쪽에 너무 가까이 설치할 경우 배설 물이나 벌레를 발견하기가 쉽지 않으므로 바닥으로부터 적당한 공 간을 두고 종목을 매달 것을 권한다.

이 벌레의 방제법은 간단하다.
이 벌레가 생기는 이유는 작은 나방류와 모기 같이 생긴 벌레(모 기같이 생겼으나 물지는 않는다) 등의 애벌레이므로 이 벌레들을 없애면 생기지 않는다.
그러므로 이 벌레들이 재배사 내에 들어오지 못하도록 환기구나 앞, 뒤 출입문에 방충망을 하면 된다.

🏯 환기구에 방충망을 하는 방법은 간단하다.
농자재 상사에서 질기고 오래가는 방충망을 구입한다.
환기구를 열었을 때를 생각하여 여유 있게 적당한 크기로 잘라서 환기구를 연 채로 환기구에 대고 고무줄로 감은 다음 전기 테이프로 잘 고정되도록 감아주면 된다.

숙달되면 단시간에 많은 환기구에 방충망을 설치할 수 있다.

배추벌레가 갉아먹은 표시

버섯에 붙어 있는 배추벌레의 모습

환기구에 방충망을 하고 닫았을 때의 모습

환기구에 방충망을 하고 열었을 때의 모습

환기구에 방충망을 한 모습 전경.

환기구에 방충망을 한 모습 전경.

⑪ 거머리

이 벌레의 정확한 학명이나 명칭은 잘 몰라 그냥 거머리라고 부르겠다.

꼭 거머리같이 생겼으며 거머리와는 달리 빨판이 없고 크기도 2~3cm 정도로 작은 것에서부터 7~8cm 정도의 크기까지 다양하다. 밑면은 누른색이며, 윗면은 줄무늬가 있다.

재배사 내에서 발견되는 숫자도 아주 적고 버섯에 크게 피해를 끼치지는 않으나 달팽이와 같이 갉아먹은 표시가 있으므로 쉽게 잡을 수 있다.

잘 재배하고 있는데도 생긴다.

⑫ 개미

공중재배의 경우 바닥에서는 발견되나 종목에는 잘 발견되지 않는다. 그러나 지면재배에서는 종목이 땅바닥에 심겨져 있으므로 간혹 발견되며 피해를 준다.

주로 많은 수의 작은 개미들이 땅바닥에 집을 지어 살며 종목 자체를 갉아먹고 속에 들어가 피해를 주므로 개미가 발견되면 주변을 잘 살펴보아야 한다.

아주 간혹 발견되므로 걱정할 해충은 아니나 몇 마리의 개미가 발견되더라도 주변을 잘 살펴보면 땅속을 헤집고 다닌 표시가 있다.

때때로 종목을 손으로 뒤집어보면 많은 개미가 종목 속에 들어가 있는 것을 볼 수 있다.

심지어 종목을 아예 못 쓰게 만든 것들도 있다.

땅에는 개미집이나 개미굴, 개미 알 등이 발견된다.

방제법은 의외로 간단하다.

토치램프로 종목을 상하지 않게 태우고 땅바닥도 그렇게 한다.

그렇게 한 후 이튿날 가보면 남은 개미들이 종목과 땅바닥을 돌아다니고 있다.

다시 태우면 사라진다.

재배사 내에서 발견되는 생물 7가지

1 개구리

재배사 안에 간혹 들어오는 개구리는 배가 주황색이며 등은 짙은 녹색으로 점이 있는 조그만 개구리이다.

출입문으로 출입할 때 같이 들어오거나 방충망을 하지 않은 환기 구로 들어온 것으로 생각된다.

버섯에 해를 끼치지 않는다. 그러나 별로 도움이 되지도 않았다.

2 쥐

드물지만 간혹 발견된다.

재배사 내에서 발견되는 쥐는 5~7cm 정도의 작은 쥐로 주둥이가 길고 뾰족하다.

재배사를 뚫고 들어온 것도 있고, 땅을 헤집고 들어온 것도 있다.

버섯에 해를 끼치지는 않으나 병균을 옮길 염려가 있으므로 도움이 되는 생물은 아니다.

쥐틀을 놓으면 잡히는데 여러 가지 미끼를 사용해 본 결과 고구마 를 가장 좋아했다.

❸ 두더지

드물지만 땅속을 지나간 흔적이 발견되며 땅이 부풀어 오른 자국이 길게 보인다.
버섯에 해를 끼치지는 않으나 재배사에 들어오는 길을 만들므로 도움이 되는 생물은 아니다.

땅이 많이 부풀어 오르고 큰 구멍을 내며 돌아다녀 상당히 클 것으로 생각되나 의외로 보통의 쥐 정도로 작으며, 간혹 큰 쥐 정도의 크기도 있다.

❹ 지네

아주 드물지만 발견된다.
지면재배에서 종목을 땅에서 들면 기어 다니는 것을 볼 수 있다.
새끼손가락 크기만한 것에서 10cm 정도 되는 것까지 있다.
버섯에 해를 끼치지는 않는 것 같다.

❺ 굼벵이

잘 자라고 있는 종목에서는 발견되지 않는다.
수명이 다한, 썩거나 부서지는 종목에서 간혹 발견된다.

6 지렁이

바닥이나 땅속을 돌아다니며 땅을 기름지게 하는 것으로 생각된
다.

문제가 되는 것은 간혹 땅바닥에 죽은 지렁이 곁에 많은 개미가
모인다는 점이다.

개미는 앞서 언급하였듯이 종목을 상하게 하므로 죽은 지렁이가
있다면 신속히 재배사 밖으로 처리하여야 한다.

7 그 밖의 벌레들

재배사 내에서 발견되는 그 밖의 벌레들로는 몸뚱이가 단단하며
다리가 많이 달린 3~4cm 정도의 벌레나 바닷가의 게같이 앞에
집게가 달린 조그만 벌레 등이 있다.

이 벌레들이 하는 역할이나 왜 있는지 등은 모르겠으나 버섯에 해
를 끼치지도 도움이 되지도 않는 것 같다.

25장 우량 상황버섯을 재배하기 위한 조건 26가지

1 재배사 내의 이끼

종목을 넣은 지 2년 정도가 되면 재배사 내에 이끼가 핀다.

습도조절에 도움이 되므로 그대로 두는 것이 좋다.

그러나 잡초는 빛을 차단하고, 버섯이 자라는 상태, 벌레나 병충
해의 유무 등을 관찰하는 데 방해가 되므로 뽑아야 한다.

또한, 풀이 자라면서 버섯과 닿으면 버섯에 파고드는 것도 있으므
로 즉시 제거하는 것이 좋다.

2 재배사 환기구에 방충망 설치하기

여러 해충의 접근을 방지하고 특히 배추벌레를 번식시키는 작은
나방류나 큰 모기와 같이 생긴 벌레들이 날아들지 못하도록 한다.

3 여분의 환기구 준비하기

근래에 들어 이상기온으로 폭염이 예기치 않게 찾아온다.

이때를 위해 여분의 환기구를 준비해 두면 즉시 대처할 수 있다.

④ 여분의 모터 준비하기

폭염에 모터가 고장이 나면 관수에 지장을 초래하여 재배에 상당한
어려움을 야기한다.

⑤ 충분한 물탱크 설치하기

평상시에 부족한 물탱크는 작업을 어렵게 하고 많은 시간을 관수
에 소비하게 하며, 제 때에 관수를 하기 어렵게 한다. 특히 폭염이
예기치 않게 닥칠 때는 재배에 지장을 초래한다.

⑥ 재배사 튼튼하게 짓기

먼저 가는 쇠파이프(굵기 25~30mm 정도)를 이용하여 둥글게
50~70cm 간격으로 골조를 세운다.
굵기 50mm 및 25~30mm 정도 되는 쇠파이프를 여러 개 사용하
여 둥글게 세운 파이프들을 연결한다.
폭설이나 습설, 태풍을 대비하여 재배사 중간, 중간에 4~5m 간격으
로 굵기 50mm 정도의 지지대를 세워 막사 천정의 굵은 쇠파이프를
지지한다.

이 내용은 상황버섯 재배사의 기본적인 골조 내용이다. 가능하면
이 골조대로 하거나 더 튼튼하게 지을 것을 권한다.

재배사의 폭이 넓거나 길이가 더 긴 경우 더 굵은 파이프를 사용하여 튼튼하게 지으면 안전하다.

☑ 중간 지지대 설치 및 여분의 지지대 준비

중앙의 지지대는 여러 자연재해에 대비하는 데 꼭 필요하며, 이상기온에 대비하여 여분의 지지대를 준비해 두는 것이 좋다.

⑧ 폭설과 습설대비

많은 농가에서 눈이 내리면 재배사 위의 눈을 쓸어내리려고 애쓴다. 그러나 여러 번 경험해 보았지만 역부족이었다. 마음이 조마조마한 경우도 많았다.
튼튼한 재배사는 아무리 강조해도 지나치지 않다.

⑨ 재배사 기울기 주의

어느 정도 경사지게 재배사를 지어야 폭설 때 눈이 잘 쌓이지 않는다.

⑩ 재배사를 주위 땅보다 높게 짓기

태풍이나 폭우 때 침수되지 않기 위해서이다.
그리고 평소에도 습기가 차면 곰팡이가 핀다.

⑪ 초시계, 조도계, 온·습도계 준비

체계적인 재배방법을 몸으로 익히는 데 큰 도움이 된다.

⑫ 35% 차광막 여벌로 준비하기

이상기온으로 예기치 않게 폭염이 닥칠 수 있으므로 언제든지 차
광을 더 할 준비를 할 필요가 있다.
35% 차광막은 얇아서 다루기도 쉽고 조도를 맞추기에 편리하다.

⑬ 환기, 관수 및 조도 사각지대 없애기

재배사를 지을 때부터 잘 설계하여 환기나 관수가 잘 안 되는 곳
이 없도록 하고 특히 빛이 비치지 않거나 조도가 맞지 않는 곳이
없도록 한다.

⒕ 태풍 대비 환기구 밀봉하기

태풍이 온다는 예보를 들으면 열린 환기구가 없는지 주의깊이 살핀다.

⒖ 재배사 주위 쥐틀 놓기

재배사 내에 쥐들이 돌아다니지 않도록 그리고 재배사에 구멍을 뚫지 않도록 한다.

⒗ 재배사 주위 배수로 확보

평소에도 잘 정비해 두는 것이 재배사의 침수나 습기로 인한 피해를 방지하며 특히 예기치 못한 폭우 때 도움이 된다.

⒘ 재배사 사이 소형 트랙터 다닐 공간 확보

트랙터는 많은 일을 순식간에 할 수 있다.
재배사를 지을 때부터 트랙터가 다닐 여유 있는 공간을 확보해 두는 것이 좋다.

🔞 재배사 주위 오염원 제거

재배사 주위에 물웅덩이가 있어 썩은 물이 있거나, 음식물 찌꺼기가 있다면 해충들이 모여들어 버섯에 해를 끼치므로 즉시 조치한다.

특히 음식물 찌꺼기는 통에 담아 뚜껑을 잘 닫아 냄새가 나지 않도록한다.

🔞 재배사 내 벌레 사체 즉시 제거

재배사 내에 돌아다니는 생물들 가운데는 개구리, 지네, 지렁이, 달팽이 등이 있다.

사체가 생기면 많은 해충과 개미들이 모여들어 종목을 해치므로 즉시 제거한다.

🔢 충분한 환기 시설 설치하기

한여름 고온과 폭염에 대비하여 여유 있게 환기구를 설치하고 강제로 환기를 시킬 수 있도록 시설을 해두면 환기 불량으로 인한 피해를 줄일 수 있다.

㉑ 충분한 물탱크 설치

폭염과 고온기에 관수는 해야 하는데 물탱크에 물이 떨어진다면 정말 난감한 상황이 된다. 여유 있게 물탱크를 설치한다.

㉒ 깨끗한 여분의 수원확보

재배사의 규모에 따라 충분한 양의 수원을 확보하되 지하 관정을 여분으로 가지고 있으면 안전하다.

㉓ 충분한 수량 확보하기

지하 관정을 뚫었다 하더라도 수량이 각각 다르므로 얼마나 되는지 평소에 잘 확인해 두는 것이 중요하다.

㉔ 깨끗한 물 사용하기

영남알프스 상황버섯농장 앞을 흐르는 삼계리 계곡물은 가지산에서 발원한 1급수로 과거 지하 관정을 뚫기 전에 잠시 사용해서 잘 재배한 적이 있다.

그러나 지표면을 흐르는 물은 아무리 깨끗하더라도 오염될 수 있으므로 깨끗한 지하수를 사용할 것을 권한다.

㉕ 깨끗한 마사토 사용하기

공중재배에서 깨끗한 모래나 마사토를 바닥에 깔면 배수가 잘되어 병해충의 발생이 적다. 지면재배는 종목이 튼튼한 상태를 유지하며 버섯이 잘 자란다.
배수가 잘되지 않는 흙은 병해충의 온상이 된다.

㉖ 버섯의 증상에 대해 관심 기울이기

재배사를 수시로 드나들면서 버섯이 정상적으로 성장하고 있는지 온, 습도, 환기, 조도는 맞는지 해충의 피해는 없는지, 관수노즐이 막힌 부분은 없는지 등을 늘 살필 필요가 있다.
재배사에 들어가 상태를 살피지 않고 재배사 밖에서 타이머를 맞춰 관수를 하는 것은 상황버섯 재배 실패의 지름길이다.

여러 조건을 잘 맞추어 두껍게 포자층을 잘 형성하며 자라고 있다.

성장이 멈춘 동절기의 버섯. 포자층이 잘 형성되어 있다.

여러 조건을 잘 맞추어 포자층을 잘 형성하며 자라고 있다.

3년생 버섯
여러 조건을 잘 맞추어 갓과 포자층이 잘 형성되고 있다.

온도, 습도, 조도 등을 잘 맞추어 포자층이 잘 형성되며 노랗게 자라고 있다.

여러 조건을 잘 맞추어 갓이 잘 형성되며 자라고 있는 우량 상황버섯이다.

4년생 버섯
조건을 잘 맞추면 4년이 되어도 강한 세력을 유지하게 된다.

4년생 버섯
여러 조건을 잘 맞추어 강한 세력을 유지하고 있다.

26장 상황버섯 재배 시 주의할 점 11가지

① 트랙터 운전 시 주의할 점

상황버섯 재배사를 드나드는 트랙터는 통상 폭이 좁고 길이가 길다.

그러므로 전복의 위험이 항상 도사리고 있다.

평평한 곳을 천천히 조심스럽게 운전해야 하며 구덩이에 바퀴가 빠지거나, 경사진 곳을 운전하지 않도록 조심하고 회전도 천천히 해야 한다.

특히 마사토와 같이 무거운 것을 버킷에 싣고 높이 든 채로 운전하는 것은 굉장히 위험한 일이다.

무거운 물체를 버킷에 실었을 경우 최대한 땅바닥 가까운 곳에 버킷을 밀착하여 운전하도록 한다.

봄부터 재배사는 바닥이 축축하여 바퀴가 빠질 위험이 있으므로 재배사의 바닥이 마른 것을 확인하고 드나들도록 한다.

작업 도중 전복의 위험을 감지하면 최대한 신속히 레버를 작동하여 버킷을 땅바닥에 밀착하는 것이 최선의 방법이다.

② 각종 도구 사용 시 주의할 점

상황버섯 재배와 수확에는 여러 도구들이 사용된다.

공중재배에서 재배한 버섯을 수확하는 도구인 전동 끌, 긴 작두 그리고 지면재배에서 버섯을 수확해서 손질할 때 사용하는 칼과 전동용 가는 솔, 잔 홈에 낀 이물질을 제거할 때 사용하는 작은 드릴과 같은 도구, 그리고 종목의 껍질을 벗기는 기계 등이 있다.

특히 주의할 점은 이 도구들은 지루하게 반복될 때 주로 사용하는 도구들이다.

처음에는 주의를 기울이지만 나중에는 주의가 산만하고 기계를 사용하고 있다는 점을 의식하지 못하게 되는 경우가 있다.

중간중간에 휴식을 취하면서 안전의식을 고취시켜 안전사고에 유의해야 한다.

특히 종목의 껍질을 벗기는 기계를 비롯한 쇠솔이 달린 기계를 사용할 때는 헐렁한 장갑이 말려들지 않도록 주의하고 복장도 간편하게 한다.

또한, 버섯을 수확할 때 사용하는 도구인 평평하거나 둥근 삽은 날카롭게 그라인드로 갈아서 사용하므로 종목을 밟고 수확할 때 엄지발가락이 다치지 않도록 안전화를 신는 것이 좋다.

그리고 칼을 사용하여 버섯을 손질할 때는 칼을 자신의 몸에서 먼 방향 쪽으로 손질하는 것이 다치지 않는 좋은 방법이다.

❸ 자연재해 대비

상황버섯 재배사에 피해를 입히는 자연재해로는 태풍, 폭우, 폭설, 습설이다.

태풍이 온다는 소식을 들으면 모든 환기구를 다 닫고 배수로를 잘 정비해 둔다.

태풍이 지나가면 환기구를 다 닫아 두었으므로 버섯이 붉은 물을 흘리며 자라는 것이 군데군데 있을 것이다.

신속히 환기구를 열어 적당히 환기를 시켜야 한다.

폭설이나 습설을 방비하는 방법은 재배사 중앙 큰 파이프에 군데군데 지지대를 많이 받치는 것이다.

아마도 시설 하우스 재배를 하는 농가에 가장 많은 피해를 입히면서도 간과하기 쉬운 것이 습설일 것이다.

봄 가까이 되어 내리는 눈은 물기를 잔뜩 머금어 무게가 상당하므로 철저히 대비할 필요가 있다.

❹ 날짐승들의 재배사 파손 주의

차광막이 찢어져 하얀 카시미론이 보이면 까치들이 많이 모여들어 쪼아서 맨 밑 비닐까지 상하게 한다.

그러므로 카시미론이 보이면 즉시 차광막을 잘 손질하여 카시미론이 보이지 않도록 한다.

5 날벌레 조심

5월 중순경부터 재배사 밖에서 일할 때, 특히 잡초를 제거할 때, 작은 모기 크기 만한 벌레와 점이 있는 작은 모기를 조심해야 한다. 물리면 오래도록 가렵고 긁으면 붉게 부어오른다.
맨살이 드러나지 않도록 긴 옷을 입고 작업한다.

6 땅벌, 말벌주의

잡초가 무성하게 자라면 벌들이 집을 잘 짓는다.
그러므로 봄부터 잡초가 자라는 즉시 제거해 나가면 도움이 된다.
봄에는 잡초가 연해서 제거하기가 수월하다.
가을에 풀이 많이 자랐을 때 제거하다 보면 벌에 쏘일 수 있기 때문에 벌이 집을 짓지 못하도록 제 때에 벌초한다.
그리고 여름부터 가을에 잡초를 제거할 때는 양봉업자들이 착용하는 머리에서 가슴 부위까지 가리는 모기장 같은 망을 가리고 작업한다.

7 올바른 자세로 작업하기

상황버섯 농사를 지으면서 제일 많이 다닌 병원이 아마도 한의원일 것이다.
허리가 아파서 물리치료를 받기 위해서이다.

공중재배 방식은 허리를 구부려서 종목과 버섯의 상태를 살펴야 하고, 지면재배 방식은 쪼그려 앉아서 작업하는 시간이 많다.

주의하지 않는다면 자신도 모르는 사이에 몇 시간 동안 허리를 구부리고 작업하거나, 쪼그려 앉아서 작업한다는 것을 의식하지 못하는 수도 있다.

작업 후 일어나려면 허리가 펴지지 않아 한참 동안 앉아서 허리를 펴기 위해 노력한 때도 여러 번 있었다.

해결방법은 간단하다.

올바른 자세로 작업하는 것이다.

허리를 구부린 채로 장시간 작업하지 않도록 하고, 땅바닥에 앉아서 작업할 때는 높이 10~20cm 정도 되는 방석을 잘 사용한다. 그리고 재배사 밖에서 작업할 때는 의자에 편안한 자세로 앉아 적당한 높이의 탁자에서 작업하는 것이다.

⑧ 작업 시 보안경 착용은 필수

한의원 다음으로 많이 다닌 병원이 안과일 것이다. 눈에 들어간 이물질을 제거하기 위해서이다.

종목을 긁거나 매달 때, 마사를 넣거나 차광막을 설치할 때, 잡초를 제거할 때, 수확해서 버섯을 다듬을 때와 바람이 부는 날 작업할 때 눈에 이물질이 들어갈 위험성은 항상 존재한다.

눈에 이물질이 들어갔을 때 제거하는 가장 좋은 방법은 눈을 비비거나 만지지 말고 곧바로 샘가로 달려가 깨끗한 물에 얼굴을 담그고 눈을 떴다 감았다 하는 것이다.

그렇게 하면 대부분의 이물질은 제거되었다.

제거되지 않는 이물질은 즉시 안과를 찾도록 한다.

지금도 영남알프스 상황버섯농장에는 보안경이 한 박스나 있다.

❾ 정리 정돈은 안전의 지름길

재배사를 짓거나 새로 단장하거나 관수파이프를 정비하거나 버섯을 수확하거나 다듬을 때, 그리고 그 외 여러 작업 시, 작업하다 보면 어느새 여러 공구와 자재들이 뒤엉켜 공구와 자재를 찾느라 헤매고 때로 공구나 자재에 걸려 넘어지거나 다칠 수도 있다.

이럴 때 안전사고를 예방하는 방법은 간단하다. 정리정돈하면서 작업하는 것이다.

사실 작업해 보면 정리정돈하면서 일하는 것이 생각보다 시간이 들지 않으며 작업능률도 훨씬 높다. 궁극적으로 시간을 절약해 준다. 무엇보다 차분한 마음가짐으로 일할 수 있어서 좋다.

❿ 사다리 사용 – 안전사고의 복병

시설 하우스 재배를 하는 많은 농가에서 사다리를 사용한다.

대단히 편리한 도구이고 간단해 보이지만 무섭고도 위험한 도구이다.

튼튼한 바닥에 놓여지지 않거나 각도가 어긋나거나 미끄러운 곳에 놓여질 때, 바람이 불거나 일기가 좋지 않은 날 사용할 때, 작업이 해질 때까지 끝나지 않을 때 사다리 사용은 치명적일 수 있다.

🔔 사다리 사용에 관한 몇 가지 제안은 다음과 같다.

• 사다리가 튼튼한지 항상 확인한다.

• 사다리의 맨 윗부분과 아랫부분이 잘 지지가 되게 설치한다.

• 사다리가 비스듬히 기울게 놓여지지 않았는지 확인한다.

• 일기가 좋지 않은 날은 사용하지 않는다.

• 사다리 끝부분까지 올라가지 않는다. 특히 A자형 사다리의 경우 맨 윗부분에 서서 작업하지 않는다.

• 가능하면 혼자 사용하지 말고 다른 사람이 사다리를 잡아 준다.

• 사다리 위에서 양손을 사용하여 전동공구 작업을 하지 않는다.

• 양손으로 물건을 가지고 올라가지 않는다.

• 사다리 위에서 몸을 너무 멀리 뻗어 작업하지 않는다. 차라리 사다리를 옮기도록 한다.

• 해진 후에는 사다리를 사용하지 않는다.

• 사다리에서 내려올 때는 양손으로 사다리를 미끄러지듯이 잡고 내려온다.

⓫ 차분한 마음가짐 – 안전사고 예방의 최선책

대부분의 안전사고는 급한 마음에서 일할 때 발생한다.

제삼자가 보기에 뻔한 안전사고도 급한 마음에서 일하면 보이지 않는다.

일은 마쳐야 하고, 시간은 없고, 날은 저물어 가면 안전사고가 일어날 확률은 치솟게 된다. 최선의 예방책은 일을 잘 계획하고 휴식과 아울러 차분한 마음가짐을 가지도록 의식적으로 노력하는 것이다.

27장 상황버섯 재배 시 꼭 피해야 할 점 9가지

1 흰곰팡이, 푸른곰팡이 잡으려고 여러 방법 시도하기

곰팡이는 조건을 잘 맞추어 종균의 세력만 강하게 유지하면 거의 발생 되지 않는다. 발생 되더라도 사라진다.

그러므로 조건을 잘 맞추어 곰팡이가 발생 되지 않도록 하고 발생하여 사라지지 않는 종목은 부실종목이므로 뽑아내어 버린다.

2 과다관수 및 소량관수

과다관수는 곰팡이나 잡버섯이 자라게 하며 종목의 약화를 가져와 부실한 버섯이 자라게 된다.

또한, 종목의 색깔이 누런 색깔이 아니라 검은 빛을 띄게 만든다.

소량관수는 흰곰팡이가 나게 하는 원인이 되며 자라던 버섯이 말라붙게 만든다.

또한, 종목의 약화를 가져와 각종 병해충에 시달리게 된다.

3 맞지 않는 차광막 씌우기

봄에 많은 차광막을 씌우면 종균이 활성화되지 못하고 싹이 발생하지 않으며 버섯이 자라지 못한다.

지나치게 차광막을 많이 씌우면 포자층이 형성되지 못하고 노란 가루가 날려 재배사 바닥을 노랗게 만든다.

너무 얇은 차광막은 나온 싹이나 자라던 버섯이 말라붙게 만들며 버섯의 색깔이 진한 고동색이나 검은색으로 변하게 한다.

4 환기 시기 놓치기

환기가 잘 안 되면 버섯이 붉은 물을 흘리며 썩어간다. 또한, 포자층이 형성되지 않으며 기형의 버섯이 생긴다.

환기가 잘되고 있는지 알 수 있는 방법은 붉은 물의 유무와 버섯의 끝부분이 노란색을 유지하며 잘 자라고 있고, 포자층이 잘 형성되는가를 보는 것이다.

갓이 잘 형성되고 있는가를 보는 것도 한 가지 방법이다.

5 장마철 관수

상황버섯이 제일 잘 자라는 시기는 장마철이다.

이 시기에 피는 곰팡이는 대개 부실한 종목과 관리 소홀 때문이다.

장마철에는 환기만 적당히 시키면서 가만히 두어도 자연적인 습도로 인해 노란색을 띠며 잘 성장하고 포자층도 잘 형성된다.

그러나 장마철이라도 계속해서 비가 오는 경우는 드물다. 중간중간에 비가 그치고 햇볕이 나는 경우가 많다.

계속 비가 온다면 관수는 거의 하지 않아도 잘 자란다. 그러나 비가 그치고 해가 나서 재배사의 상태가 건조하면 잠시라도 관수를 하여 습도를 맞추어 나가야 한다.

6 시냇물이나 계곡물 사용하기

시냇물이나 계곡물은 아무리 깨끗하더라도 지표면을 흐르는 물은 오염될 수 있으므로 가능하면 깨끗한 지하수를 사용할 것을 권장 한다.

7 농약 사용하는 곳 근처 재배하기

재배사를 지을 장소를 선택할 때부터 청정한 지역을 선택하여 안 심하고 먹을 수 있는 우량품종의 버섯을 생산하기 위해 노력한다.

8 맞지 않는 재배장소 선택하기

높은 건물 주변이나 숲이 우거져 빛이 잘 들지 않는 장소, 버섯의 품질을 저하시키는 공장이나 가축을 많이 키우는 축사 주변은 피하 는 것이 좋다.

❾ 음식물 찌꺼기 처리하지 않기

음식물 찌꺼기는 많은 해충을 불러들인다.

개미, 파리, 나방을 비롯한 버섯에 해를 줄 수 있는 해충을 불러들이므로 음식물 찌꺼기는 즉시 처리하거나 용기에 넣어 뚜껑을 꽉 닫아 냄새가 나지 않도록 잘 관리한다.

28장 상황버섯 재배 시 착각하거나 잘못 생각하기 쉬운 점 7가지

1 개구리를 넣으면 벌레를 잡아먹는다

상황버섯 재배에서 버섯을 갉아 먹는 해충은 배추벌레와 달팽이 및 거머리다.

실험 삼아 이 벌레들을 잡아먹도록 여러 종류의 개구리를 잡아 재배사 안에 넣어 보았으나 도움이 별로 되는 것 같지 않았다.

그리고 벌레를 잡아먹는 모습을 보지도 못했다.

오히려 나중에 개구리가 죽어 냄새가 나며 개미나 벌레들이 모여 들어 해를 끼쳤다.

그러나 이것으로 실험이 끝난 것은 아니다.

일반적으로 개구리는 벌레를 잡아먹는 것으로 알려져 있으므로 앞으로 더 많은 종류의 개구리를 잡아넣어 시험해 볼 생각이며 연구 자료라고 생각한다.

배추벌레나 달팽이를 잡아먹는 개구리나 다른 생물, 혹은 천적이 있는지는 연구 대상이며 학자들의 도움이 필요한 부분이다.

2 습도가 높으면 흰곰팡이가 핀다

습도가 너무 높을 때 곰팡이를 비롯한 잡 버섯이 피는 것은 사실이다.

그리고 가을철에 과다관수는 린테우스(고려상황)품종과 같은 일부 품종에 흰곰팡이가 피게 한다.

그러나 흰곰팡이가 피는 주된 원인은 부실한 종목의 배양과 관리 때문이다.
튼튼한 종목을 만들었다면 곰팡이는 거의 피지 않는다.
또한, 수분이 부족하면 일반적인 생각과는 달리 곰팡이가 더 많이 피는 것을 볼 수 있다
아마도 종균세력이 약화되는 것도 한 가지 원인일 것이다.
적당한 환경은 곰팡이를 없애는 데 최선의 예방책이다.

③ 많은 종목은 재배에 도움이 된다

재배사 안에 너무 많은 종목을 매달거나 심으면 이산화탄소의 발생량이 많아 환기에 특히 어려움을 겪으며, 서로의 종목에 가려 빛이 골고루 비치지 않아 조도가 맞지 않고, 관수해도 물이 닿지 않는 곳이 발생할 뿐 아니라, 종목의 약화를 초래하여 기형의 버섯이 자라며, 여러 면에서 관리도 불편하여 재배에 상당한 지장을 초래한다.

그러므로 너무 많은 종목을 매달거나 심으면 좋은 품질의 버섯을 얻기 어렵고 기형의 버섯이 발생하기 쉬우므로 적당량의 종목을 매달거나 심을 것을 권한다.

통상 공중재배는 지면으로부터 60~70cm 정도, 옆으로는 종목의 반지름 정도, 상하로는 25~30cm 정도, 지면재배는 종목사이의 거리를 20cm 정도 띄워 심었을 때 무난하게 관리할 수 있었고 잘 성장하였다.

④ 천정에 환기구를 만들면 온·습기가 빠져나가 재배에 해를 끼친다

상식적인 생각으로는 천정으로 환기를 시키면 온기와 습기가 빠져나가 버섯이 잘 자라지 않을 것 같으나 시험 재배한 결과는 달랐다.

여러 번 시험 재배결과 천정 환기구로 환기를 조절했을 때 다른 쪽의 환기구를 조절했을 때보다 버섯이 더 잘 자랐다.

모든 환기구를 열어야 할 경우가 아니고 조금의 환기만 필요하다면 천정 환기구로 환기를 시킬 것을 권한다.

물론 공중재배는 측면 환기에도 항상 주의를 기울여야 한다.

⑤ 재배사는 남북 방향으로 지어야 한다

한 동의 재배사를 지으면 방향과는 무관하다.

그러나 여러 재배사를 짓는 경우 남북으로 지으면 햇볕이 동쪽에서 서쪽으로 비치므로 앞 재배사의 빛이 뒷 재배사를 가려 조도를 맞추기에 문제가 된다.

오후에는 서쪽에서 비치므로 역시 문제가 된다.

그러므로 지형상 여건이 된다면 동서로 지을 것을 권한다.

🏅 남북 방향으로 재배사를 지어 실제로 재배한 결과

맨 앞 재배사는 잘 자라나 뒷 재배사들의 경우 앞의 것만큼이나

양호하게 자라지 못했다.

뒷 재배사의 측면 차광막을 말아 올려 조도를 맞춰야 했다.

반면 동서 방향으로 지은 재배사는 조도를 맞추는 데 별 어려움이

없었다.

❻ 일정한 온도를 계속 유지해야 잘 자란다

상황버섯의 성장 적온은 30℃ 가까이 된다.

이 온도에 가까울 때 잘 자라는 것은 사실이다.

그러나 여러 가지 고려해야 할 요소가 있다.

습기가 많으면 습도를 맞추기 위해 환기를 시켜야 하고, 여름철로

갈수록 산소를 공급하기 위해 환기를 더 많이 시켜야 하며, 밤낮

환기구를 열어두어야 하는 때도 많이 있다.

밤낮 기온차이가 난다.

관수를 자주하면 온도가 떨어진다.

가을철로 갈수록 일교차를 크게 해야 갓과 포자층이 잘 형성되어

우량상품이 될 수 있다.

그러므로 성장 적온에 맞추기 위해 환기가 많이 필요할 때 환기구를 다 닫는다거나, 특히 많은 환기가 필요한 여름철이 가까워 올 때 밤에 온도가 떨어질 것을 염려하여 환기를 시키지 않는 일이 없어야 한다.

장마철에 환기를 많이 시키면 온도는 떨어지지만 잘 자란다.

사실, 온도에 집착해서 다른 요소는 무시한 채 계속 고온을 유지하여 재배할 때 일시적으로는 잘 자라지만 갓과 포자층이 잘 형성되지 않고 버섯이 뭉치는 등 정상적인 성장이 되지 않는다.

그러므로 성장 적온과 함께 여러 요소를 잘 맞추어 나가야 한다.

🔔 버섯이 잘 자라는 종목을 재배사 밖의 나무 그늘 습한 곳에 이리저리 쌓아두고 자라는 모습을 관찰해보면 제일 위의 것은 잘 자라지 않으나 바로 밑의 것들은 자연적인 그늘과 습도로 인해 상당히 튼튼하게 잘 자라는 것을 관찰할 수 있다.

다시 말해서 밤낮 온도 차이가 있다 해도 성장하는 데 별문제가 없다는 점이다.

7 재배사 바닥에 생석회를 뿌리면 재배에 도움이 된다

그렇지 않다.

다른 농작물 재배에서 흙에 생석회를 뿌리는 경우가 있다.

토양의 개량을 위해서이다.

그러나 상황버섯 재배에서 바닥에 생석회를 뿌리면 바닥의 흙이

굳어 배수에 어려움을 겪으며, 통기성이 좋지 않아 버섯의 성장에
문제가 된다.

🏺 실제로 재배 초창기에 마사토에 생석회를 뿌려 시험 재배한 결
과 생석회에 관수를 하자 열이 발생하면서 마사토가 굳어 통기성
이 좋지 않아 종목의 종균이 활성화되지 않았으며 버섯이 잘 자라
지 못하고 배수에 상당한 어려움을 겪었다.
결국, 나중에는 생석회를 모두 긁어내야 했다.

상황버섯 안전하게 재배하는 방법 27가지

이 책에서는 상황버섯을 재배하면서 일어날 수 있는 안전사고와 예방법에 대해 자주 기술하였다.

그러면 상황버섯 재배가 다른 작물 재배에 비해 위험하다는 말인가? 그렇지 않다.

진정한 재배 기술자는 작물 자체의 재배기술뿐만 아니라 재배하면서 일어날 수 있는 안전사고와 예방법, 그리고 잠재적인 위험요소까지도 잘 알고 있어야 하기 때문이다.

지금부터 이 책에서 기술한 여러 방법과 그간 재배하면서 경험한 여러 안전한 방법들에 대해 종합해서 요약하여 기술하기로 한다.

1 차분한 마음가짐 – 안전사고 예방의 최선책

대부분의 안전사고는 급하고 헝클어진 마음에서 일할 때 발생한다.

제삼자가 보기에 뻔한 안전사고도 급한 마음에서 일하면 보이지 않는다.

최선의 예방책은 일을 잘 계획하고 휴식과 아울러 차분한 마음가짐을 가지도록 의식적으로 노력하는 것이다.

2 전기 사용

플러그를 콘센트에 꽂을 때 물이 묻은 손으로 작업해서는 안된다는 것을 우리는 잘 알고 있다.

그러나 자칫 주의하지 않으면 작업 도중 땀으로 흠뻑 젖은 손이나 장갑을 낀 채로 콘센트를 만지거나 전동기구를 다룰 수 있다.

전기가 관련된 제품을 다룰 때는 항상 마른 손이나 젖지 않은 장갑을 끼고 작업하도록 한다.

3 각종 전동기구 사용

각종 전동기구를 사용할 때, 사용할 때만 플러그를 꽂아 사용하고 사용한 뒤에는 바로 전원을 끄고 플러그를 뺀 뒤 제자리에 갖다 두도록 한다. 곧 다시 사용할 것이라면 스위치를 끄고 전원을 꼭 차단해 두도록 한다.

스위치만 끄고 자리를 떠난다면 끔찍한 흉기로 돌변할 수 있다. 인부들이 실수로 스위치를 켤 수도 있고 주변에 어린이들이 있다면 심각한 일이 발생할 수도 있다.

일부 위험한 전동기구는 스위치를 켜기가 아주 쉬워 애완견이 장난치다가 켜질 수도 있다.

특히 전동 톱이나 쇠를 자르는 컷팅기, 쇠솔이 달린 전동기구 등은 사용할 때뿐 아니라 사용 후의 관리는 대단히 중요하다.

또한 트랙터를 비롯한 전동용 운반기구는 시동을 끈 뒤 키를 꼭 빼서 안전한 곳에 두도록 한다.

4 쇠솔이 달린 전동기구의 사용

상황버섯 재배에서 잘 사용하는 쇠솔이 달린 전동기구는 종목을 긁는 기계와 손으로 잡고 사용하는 기구이다.

이 기구들을 사용할 때 특히 주의해야 할 점은 쇠솔에 헐렁한 장갑이나 소매가 긴 옷, 머플러, 목에 두른 수건 등이 말려들지 않도록 복장을 간편하게 하는 것이다.

자칫 부주의하다면 치명적인 사고로 이어질 수 있다.

쇠솔이 달린 종목 껍질을 긁는 기계

5 용접 작업

재배사 골조는 쇠파이프를 많이 사용한다.

용접할 일이 생긴다면 이것만은 꼭 기억하자.

❶ 복장을 잘 갖춘다.

용접복이 있다면 입는다. 가능한 맨살이 드러나지 않는 복장을 갖추고 용접 장갑, 용접 후드 등을 잘 사용한다.

❷ 강한 불꽃을 맨눈으로 보지 않는다.

❸ 바람을 등지고 용접하고 충분한 환기가 되게 한다.

❹ 주변 정리를 잘하고 인화 물질이 없도록 한다.

❺ 소화기를 비치한다.

❻ 위로 보면서 용접하지 말고 발판을 사용해서라도 아래로 보면서 작업한다.

❼ 용접 작업 후 작업장 주변에 불씨가 남아 있는지 확인한다.

❽ 비가 조금이라도 오거나 습기가 많은 날, 물기가 남아 있는 곳에서의 작업은 피하도록 한다.

❾ 땀이 흐르는 젖은 장갑을 끼고 용접하는 일이 없도록 한다.

6 작업 시 보안경 착용은 필수

종목을 긁거나 매달 때, 마사를 넣거나 차광막을 설치할 때, 잡초를 제거할 때, 수확해서 버섯을 다듬을 때와 바람이 부는 날 작업할 때 눈에 이물질이 들어갈 위험성은 항상 존재한다.

눈에 이물질이 들어갔을 때 제거하는 가장 좋은 방법은 눈을 비비거나 만지지 말고 곧바로 샘가로 달려가 깨끗한 물에 얼굴을 담그고 눈을 떴다 감았다 하는 것이다.

그렇게 하면 대부분의 이물질은 제거되었다.

제거되지 않는 이물질은 신속히 안과를 찾도록 한다.

⑦ 모자, 선글라스, 장갑, 토시 착용하기

상황버섯은 재배사 내에서 활동하는 시간이 많지만, 재배사 밖에서 일할 때, 특히 햇볕이 강할 때는 위의 것들을 잘 착용해서 상처를 입거나 물집이 생기지 않도록 한다.

선글라스는 햇볕 차단과 아울러 이물질로부터도 눈을 보호해 준다. 그리고 평소에 잠시 일할 때도 장갑을 끼는 습관을 들여 손에 조그만 상처라도 입지 않도록 한다.

⑧ 정리 정돈은 안전의 지름길

재배사를 짓거나 새로 단장하거나 관수 파이프를 정비하거나 버섯을 수확하거나 다듬을 때, 그리고 그 외 여러 작업 시 작업하다 보면 어느새 여러 공구와 자재들이 뒤엉켜 공구와 자재를 찾느라 헤매고 때로 공구나 자재에 걸려 넘어지거나 다칠 수도 있다.

이럴 때 안전사고를 예방하는 방법은 간단하다.

정리정돈하면서 작업하는 것이다.

사실 작업해 보면 정리정돈하면서 일하는 것이 생각보다 시간이 들지 않으며 작업능률도 훨씬 높다. 궁극적으로 시간을 절약해 준다. 무엇보다 차분한 마음가짐으로 일할 수 있어서 좋다.

9 각종 도구, 공구, 자재 잘 정리하기

버섯을 재배하다 보면 처음에는 도구나 공구가 얼마 되지 않지만, 어느새 한방을 가득 채울 정도로 많아지게 된다.

삽이나 낫, 호미, 쇠스랑, 망치, 해머, 전동드릴, 끌, 줄자, 용접기, 용접봉, 드라이버, 쇠솔, 컷팅기, 그라인더, 콤프레샤, 사다리, 관수자재 공구, 수확할 때 사용하는 여러 공구와 운반용 공구들… 그리고 그에 따르는 여러 자재들…

그리고 같은 공구라도 다양한 크기가 있다.

생각 없이 사용하다 보면 나중에는 일하는 시간보다 공구 찾고 자재 찾는 시간이 더 많아지게 된다. 당연히 지치게 된다.

어디에 어떻게 정리하느냐에 따라 작업능률과 안전사고에도 큰 영향을 미칠 수 있다.

공구가 잘 정리되어 있으면 작업능률이 오르고 일이 즐거우며 편안한 마음으로 단시간에 많은 일을 할 수 있다.

먼저 출입이 편리한 창고를 만들고 벽 전체에 두꺼운 합판을 대어 공구 둘 만한 자리를 잘 정리한 다음 합판에 공구의 그림을 매직으로 그리고 못을 치고 매단다. 그림을 그려 놓으면 사용한 뒤 갖다 두기도 쉽고 자동으로 정리된다.

이런 식으로 공구를 잘 정리하여 매달고, 매달지 못하는 것은 습기가 차지 않게 팔레트 위에 가지런히 정리하여 둔다.

그리고 벽 한쪽 면은 나무로 책장같이 다양한 크기의 칸이 있도록 만들어 다양한 나사못이나 못, 피스, 용접봉, 관수자재, 재배사 골조 자재 등을 자재상에서 잘 정리할 수 있는 상자를 구입하여 이름표를 붙여 한눈에 볼 수 있도록 칸에 넣어 정리한다.

🔟 각종 도구, 공구 사용법 준수

삽이나 호미, 망치와 같은 도구들은 간단해서 사용설명서가 없다. 배우기도 쉽다.
그러나 점점 전기나 배터리로 사용하는 공구들이 많아지고 있다. 이런 공구들은 사용설명서가 있는 경우가 많고 배터리나 연료, 엔진오일이나 그 밖의 윤활제가 들어가는 경우도 있다.
예를 들어 예초기의 경우 사용설명서가 있고 휘발유가 들어가며 엔진오일도 들어간다.
전동공구가 몇 종류가 안 되면 사용하는 데 어려움이 없을 수 있다. 하지만 종류가 늘어나면 사용설명서나, 엔진오일, 윤활제, 배터리의 종류도 많아진다.
처음 구입했을 때는 잘 사용하지만, 나중에는 머리가 복잡해진다.

좋은 방법은 잘 정리하는 것이다.
사용설명서는 따로 한 서랍에 잘 정리하여 모으고 설명서 상단에 매직으로 어떤 공구, 언제 구입이라고 명기하고 설명서 내용 중 중요한 것은 밑줄을 그어 둔다.

특히 배터리 충전시간과 방법, 어떤 연료와 엔진오일이 들어가는지 주기는 얼마나 되는지 등을 매직으로 표기해 두는 것이다.

물론 공구 자체나 배터리에도 간략하고 중요한 점을 표기해 둔다. 예를 들면 배터리에는 무슨 공구 배터리, 몇 시간 충전, 완 충전 후 파란불로 바뀜 등으로 기록할 수 있다.

특히 여러 전동용 기구에는 엔진용 오일과 윤활제 등이 각각 다를 수 있으므로 이름표에 날짜와 어떤 기계에 들어가는 재료인지 명확히 기록하여 두면 혼동하는 일 없이 안전하게 사용할 수 있다.

그리고 각 공구를 보관하는 장소 위에도 공구 이름과 함께 위의 내용 들을 알기 쉽고 간략하게 기록해서 붙여 두는 것이다.

이렇게 하면 배터리 충전을 잘못하거나 엔진오일이나 윤활제, 연료가 뒤바뀌어 기계가 손상되는 일이 없을뿐더러 무엇보다 편안한 마음가짐으로 일할 수 있어서 좋다.

⑪ 자석 사용하여 정리하기

재배사 골조작업이나 다른 작업을 한 뒤 크고 둥근 자석을 긴 철사에 매어 끌고 다니면 많은 쇠나 철사조각과 나사못 등이 달라붙는다.

막사 주변 곳곳이나 농장 내 여러 곳을 평소에도 산책 삼아 끌고 다니거나 자전거 뒤에 매달아 산책하면 곳곳의 여러 위험한 이물질들을 제거할 수 있다.

⑫ 통로에 물건 두지 않기

평소 잘 다니는 통로에 자재나 물건을 쌓아두거나 공구를 두는 일이 없도록 한다.
농장 내에는 움직이는 것들이 많다.
손수레, 트랙터, 자전거, 그 외 전동용 기구들이다.

근래에는 배터리로 움직이는 손수레나 작은 운반용 기구들도 나와 있다.
잘 다니는 통로에 자재나 물건을 쌓아두면 부딪쳐 사고를 일으킬 수 있으며, 화재 발생 시 장애 요인이 된다.
어두워질 때까지 작업이 끝나지 않아 움직일 때 특히 위험하다.
공구나 그 외 물건들은 사용하면 제자리에 갖다 두고 자재는 창고에 안전하게 보관하도록 한다.

작업 도중에도 여러 기구들이나 공구는 통로를 방해하지 않도록 유의한다.
재배사 내에서도 통로에는 종목이나 공구를 두지 않도록 한다.

⓭ 날카로운 곳 없애기

농장에서 일하다 보면 날카로운 곳이 많이 생길 수 있다.
이런 곳을 방치하면 언젠가 다치거나 베일 수 있다.
재배사 파이프의 가장자리, 창고의 모서리 그리고 각종 도구나 공구의 손잡이, 앵글로 된 가구 등이다.
심지어 새로 구입한 플라스틱 바구니 등도 맨손으로 잡다 보면 손이 베일 수 있다.

좋은 방법은 사포나 줄, 그라인드 날 등으로 날카로운 곳을 없애는 것이다.
새로운 제품을 구입하면 먼저 맨손으로 이곳저곳을 만져보아 날카로운 곳이 없는지 확인하고, 문손잡이 같은 곳에 날카로운 곳이 발견되면 즉시 사포나 줄로 날카로운 곳을 없앤다.
그리고 평소에도 농장 곳곳을 다니며 날카로운 곳을 확인하는 습관을 들인다.

⓮ 소화기 비치

농장 곳곳에 소화기를 비치하여 화재에 대비한다.
공공건물이나 관공서 그 외의 여러 장소에서의 소화기 비치는 필수적이다.
그러나 농장에 소화기를 비치하는 것은 소홀히 하기 쉽다.
화재는 언제 어디서나 발생할 수 있다.

특히 시설 하우스는 화재에 대단히 취약하다.

비닐, 차광막, 카시미론 솜 등은 모두 인화성 물질로 되어있다.

그리고 소화기를 비치했더라도 주기적으로 소화기에 붙어 있는 게이지를 통해 소화기의 상태가 정상적인지 확인해야 한다.

⓯ 인화 물질 안전하게 보관하기

예초기와 트랙터 그리고 여러 전동용 운반기구 등에는 휘발유를 비롯한 여러 인화 물질이 들어간다.

작업하다 보면 '다음에 갖다 두지' 하면서 아무 곳에나 방치할 수 있다.

조그만 화기에도 불쏘시개 역할을 하여 화재를 일으킬 수 있으므로 가능하면 용기 밖에 이름표를 붙여 창고 안전한 곳에, 눈에 잘 보이게 일목요연하게 보관하고, 사용 후에는 즉시 제자리에 갖다 둔다.

⓰ 수도시설은 화재 예방에 도움이 된다

농장 내의 곳곳에 수도시설이 되어있으면 화재 예방에 도움이 된다. 수도시설이 없다면 재배사 내에 들어가는 관수 파이프에 2구 수도꼭지를 설치하고 긴 호스를 달아두면 화재가 났을 경우 소화기와 같이 일회성이 아닌 장시간 사용 가능한 소화기를 여러 개 비치한 셈이 된다.

그리고 평소에도 작업 도중 물을 마실 수도 있고 손을 씻거나 세면을 할 수도 있다.

그리고 수도 옆에 큰 물통을 설치하고 물을 채워두면 훌륭한 소화기 역할을 할 수 있다.

⑰ 가을에 마른 풀 제거

가을이 되면 재배사 주변의 풀은 마르게 된다.

제거하지 않고 그냥 두면 좋은 땔감이 되어 조그만 불씨에도 화재의 원인이 된다.

가을에 풀이 마르기 전, 물기가 있을 때는 풀을 제거하기가 쉽다.

그러나 풀이 말랐더라도 잘 제거하여 재배사 주변을 깨끗하게 해두면 화재의 위험을 줄일 수 있다.

⑱ 각종 도구 안전하게 사용하기

상황버섯 재배와 수확에는 여러 도구들이 사용된다.

공중재배에서 재배한 버섯을 수확하는 도구인 전동 끌, 긴 작두, 스크래퍼 및 예리한 삽과 칼 그리고 지면재배에서 버섯을 수확해서 손질할 때 사용하는 전동용 가는 솔, 잔 홈에 낀 이물질을 제거할 때 사용하는 작은 드릴과 같은 도구, 그리고 종목의 껍질을 벗기는 기계 등이 있다.

특히 주의할 점은 이 도구들은 지루하게 반복될 때 주로 사용하는 도구들이다.

처음에는 주의를 기울이지만 나중에는 주의가 산만하고 기계를 사용하고 있다는 점을 의식하지 못하게 되는 경우가 있다.

중간중간에 휴식을 취하면서 안전의식을 고취 시켜 안전사고에 유의해야 한다.

버섯을 수확할 때 사용하는 도구인 평평하거나 둥근 삽은 날카롭게 그라인드로 갈아서 사용하므로 종목을 밟고 수확할 때 엄지발가락이 다치지 않도록 안전화를 신는 것이 좋다.

그리고 칼을 사용하여 버섯을 손질할 때는 칼을 자신의 몸에서 먼 방향 쪽으로 손질하는 것이 다치지 않는 좋은 방법이다.

🔟 사다리 사용 – 안전사고의 복병

시설 하우스 재배를 하는 많은 농가에서 사다리를 사용한다.

대단히 편리한 도구이고 간단해 보이지만 무섭고도 위험한 도구이다.

튼튼한 바닥에 놓여지지 않거나 각도가 어긋나거나 미끄러운 곳에 놓여질 때, 바람이 불거나 일기가 좋지 않은 날 사용할 때, 작업이 해질 때까지 끝나지 않을 때 사다리 사용은 치명적일 수 있다.

🏺 사다리 사용에 관한 몇 가지 제안은 다음과 같다.

❶ 사다리가 튼튼한지 항상 확인한다.

❷ 사다리의 맨 윗부분과 아랫부분이 잘 지지되게 설치한다.

❸ 사다리가 비스듬히 기울게 놓여지지 않았는지 확인한다.

❹ 일기가 좋지 않은 날은 사용하지 않는다.

❺ 사다리 끝부분까지 올라가지 않는다. 특히 A자형 사다리의 경우 맨 윗부분에 서서 작업하지 않는다.

❻ 가능하면 혼자 사용하지 말고 다른 사람이 사다리를 잡아 준다.

❼ 사다리 위에서 양손을 사용하여 전동공구 작업을 하지 않는다.

❽ 양손으로 물건을 가지고 올라가지 않는다.

❾ 사다리 위에서 몸을 너무 멀리 뻗어 작업하지 않는다. 차라리 사다리를 옮기도록 한다.

❿ 해진 후에는 사다리를 사용하지 않는다.

⓫ 사다리에서 내려올 때는 양손으로 사다리를 미끄러지듯이 잡고 내려온다.

⓴ 트랙터 운전

트랙터 운전에서 많이 일어나는 사고는 전복과 부딪침 사고이다. 안전하게 트랙터를 운전하는 몇 가지 제안은 다음과 같다.

❶ 평평한 곳을 천천히 조심스럽게 운전한다.
구덩이에 바퀴가 빠지거나, 경사진 곳을 운전하지 않도록 조심하고 회전도 천천히 한다.

❷ 마사토와 같이 무거운 것을 버킷에 싣고 높이 든 채로 운전하는 것은 굉장히 위험한 일이다.

무거운 물체를 버킷에 실었을 경우 최대한 땅바닥 가까운 곳에 버킷을 밀착하여 천천히 운전하도록 한다.

❸ 봄부터 재배사는 바닥이 축축하여 바퀴가 빠질 위험이 있으므로 재배사의 바닥이 마른 것을 확인하고 드나들도록 한다.

❹ 작업 도중 전복의 위험을 감지하면 레버를 작동하여 최대한 신속히 버킷을 땅바닥에 밀착하는 것이 최선의 방법이다.

❺ 작업반경 내에 장애물이 없는지 확인한다.

❻ 후진할 때는 잘 살피면서 천천히 움직인다.

❼ 트랙터 운전석에 올라앉기 전에 트랙터 주위를 한 바퀴 돌며 장애물을 살피는 습관을 기른다.

❽ 앞의 버킷이 물체에 어느 정도 가까운지 자주 내려 확인하는 습관을 들인다.

㉑ 예초기 사용

예초기 사용의 위험성은 너무나도 잘 알려져 있다.
보안경, 안전화, 무릎 보호대 등 작업 복장을 잘 갖추고 휴식을 취하면서 천천히 일하고 위험한 곳은 낫으로 직접 작업하더라도 하지 않는 것이 안전사고 예방법이다.

근래에는 플라스틱 자재와 같은 끈으로 된 예초기 날과, 안전한 안전망, 물체에 부딪칠 때 날이 들어가는 것과 같은 안전에서 주의를 기울인 여러 예초기도 나와 있으므로 농자재 상사에서 잘 선택하도록 한다.

㉒ 사철 작업 시 주의할 점

재배사의 비닐이나 차광막은 다른 방법도 있지만, 사철(꼬불꼬불한 긴 철사)을 사용하여 재배사에 설치된 패드에 끼워 고정시키기도 한다.
이때 주의할 점은

❶ 사철의 끝부분에 다칠 수 있으므로 옆 작업자와의 거리를 적당히 두고 작업한다.

❷ 반드시 보안경을 끼고 작업한다.

❸ 홈에 사철을 단단히 밀어 넣어 재배사 사이를 돌아다닐 때 빠져나온 사철 끝에 몸이나 얼굴을 다치지 않도록 한다.

❹ 바람이 많이 불거나 태풍에 재배사가 흔들리면 차광막이나 비닐이 움직여 사철 끝이 빠져나올 수 있으므로 평소에도 자주 점검한다.

❺ 사철 작업 후, 큰 둥근 자석을 긴 철사에 매어 끌고 다니면서 사철 조각을 모두 제거한다.

㉓ 재배사 골조에 비닐 설치 시 주의할 점

비닐 설치에 있어서 제일 문제가 되는 것은 바람이다.
조금의 바람만 불어도 설치에 상당한 어려움을 겪게 된다. 긴 비닐을 설치하려고 꽉 붙잡고 있다가 바람이 갑자기 불면 비닐과 함께 공중으로 몸이 날리기도 하고 언덕에 굴러떨어질 수도 있다.

그러므로 비닐을 안전하게 설치할 수 있는 방법을 제안한다면 통상 재배사 골조에 비닐을 설치하는 때는 4월이나 5월이다.
이 시기는 봄바람이 많이 부는 시기이나 이상하게도 새벽에는 바람이 잔잔할 때가 많다.

맑은 날 새벽 해 뜰 때부터 오전 9시나 10시까지가 바람이 잔잔한 시기이다.
이때 신속하게 비닐을 설치해야 한다.
새벽에 바람이 잔잔한 날도 오전 9시나 10시경부터 바람이 불기 시작하므로 시기를 잘 선택하는 것이 중요하다.

또한, 봄철에 비교적 온도가 높을 때 설치하므로 비닐을 너무 당겨 골조에 밀착하여 설치하면 겨울에 온도가 낮아 비닐이 수축되면 문제가 되므로 적당히 당겨 설치해야 한다.

24 각종 벌레 조심

5월 중순경부터 재배사 밖에서 일할 때, 특히 잡초를 제거할 때, 작은 모기 크기만한 벌레와 흰 점이 있는 작은 모기를 조심해야 한다. 물리면 오래도록 가렵고 긁으면 붉게 부어오른다.
맨살이 드러나지 않도록 긴 옷을 입고 작업한다.

㉕ 땅벌, 말벌주의

잡초가 무성하게 자라면 벌들이 집을 잘 짓는다.

그러므로 봄부터 잡초가 자라는 즉시 제거해 나가면 도움이 된다.

봄에는 잡초가 연해서 제거하기가 수월하다.

가을에 풀이 많이 자랐을 때 제거하다 보면 벌에 쏘일 수 있기 때문에 벌이 집을 짓지 못하도록 제 때에 벌초한다.

그리고 여름부터 가을에 잡초를 제거할 때는 양봉업자들이 착용하는 머리에서 가슴 부위까지 가리는 모기장 같은 망을 가리고 작업한다.

㉖ 올바른 자세로 작업하기

공중재배 방식은 허리를 구부려서 종목과 버섯의 상태를 살펴야 하고, 지면재배 방식은 쪼그려 앉아서 작업하는 시간이 많다.

주의하지 않는다면 자신도 모르는 사이에 몇 시간 동안 허리를 구부리고 작업하거나, 쪼그려 앉아서 작업한다는 것을 의식하지 못하는 수도 있다.

작업 후 일어나려면 허리가 펴지지 않아 한참 동안 앉아서 허리를 펴기 위해 노력한 때도 여러 번 있었다.

해결방법은 간단하다.

올바른 자세로 작업하는 것이다.

허리를 구부린 채로 장시간 작업하지 않도록 하고, 땅바닥에 앉아서 작업할 때는 높이 10~20cm 정도 되는 방석을 잘 사용한다. 그리고 재배사 밖에서 작업할 때는 의자에 편안한 자세로 앉아 적당한 높이의 탁자에서 작업하는 것이다.

㉗ 구급함, 비상등 준비

작업하면서 언제 어떤 상처를 입을지 모르므로 구급함을 준비해두는 것은 필수적이다.

약국에 가면 구급함이 세트로 나와 있고, 상처나 외상을 잘 치료할 수 있도록 여러 약품이 구비되어 있으므로 준비해 둘 것을 권한다.

또한, 언제 전기가 나갈지 모르므로 비상등을 비치해 두는 것도 잊지 않도록 하자.

비상등은 누구나 쉽게 볼 수 있는 곳에 비상등이라고 큰 글씨로 쓰고 걸어두는 것이 좋다.

30장 상황버섯 재배의 발전 방향 11가지

1 재배인구의 확대

상황버섯은 뛰어난 약용버섯으로 많은 사람들에게 알려져 있지만 직접 재배하는 사람들은 많지 않다.

재배기술에 관한 책이 없는 것이 가장 큰 이유일 것이다.

하지만 이 책에 기술된 재배방법만 제대로 익힌다면 텃밭이나 산 속의 조그만 땅 어느 곳에서든 손쉬운 방법으로 재배할 수 있을 것이다.

필요한 것은 조그만 땅과 깨끗한 물이다.

상황버섯은 한 번 싹을 틔워 놓으면 몇 년간은 별 노력을 들이지 않고도 계속 수확하여 복용할 수 있다.

직접 재배한다면 취미생활과 보람, 건강, 신뢰할 수 있는 약재를 모두 갖게 되는 즐거움을 누릴 수 있으며, 창업하기에 더없이 좋은 작물이라 할 것이다.

2 세계인들의 약용버섯

한국은 사계절이 뚜렷하여 상황버섯을 재배하기에 최적의 조건을 갖추고 있다.

또한 시설하우스 재배를 하는 면에서도 탁월한 기술력을 가진 나라이다.

시설하우스 자재나 여러 조건을 맞추는 기계설비나 전기시설, 인공지능 시스템 등에서 더할 나위 없이 좋은 조건을 갖추고 있다. 이런 좋은 조건들을 갖추고 있지만 그간 수출은 미미한 수준에서 이루어져 왔다.

하지만 이런 여러 가지 장점들을 잘 활용한다면 더 많은 수출이 이루어져 세계인들의 마음을 사로잡는 약용버섯으로서의 가치는 더욱 빛을 발하게 될 것이다.

③ 일자리 창출

상황버섯은 위험하거나 힘든 작업이 별로 없이 적당한 일거리를 제공해 주는, 재배하기에 아주 적합하면서 단위면적당 수익률이 대단히 높은 작물이다.

또한, 코로나와 같은 전염병이 유행하는 시기에 사람들을 대면하는 일 없이 재배사에서 전염병 걱정 없이 재배에만 전념하면 되는 작물이다.

따라서 젊은이들에게는 창업하기에 적합할 것이며, 연로한 분들에게는 적당한 일거리를 제공하는 훌륭한 작물이라 할 것이다.

그리고 개개인들의 노력이 합쳐지면 더 많은 수출과 국민건강에 이바지하는 결과를 낳게 될 것이다.

❹ 제품의 다양화 및 건강보조식품으로서의 개발

그간 상황버섯을 활용한 제품들과 건강보조식품들이 개발되고 간간이 출시되어 왔다.

그러나 아직 미미한 수준이라 할 것이다.

더 많은 창업농이 생기고 재배하는 사람들이 많아진다면 상황버섯을 활용한 더 많은 제품이 개발될 것이며, 이는 더 많은 수출로 이어지고, 이로 인해 더 많은 사람들이 재배하는 선순환 구조를 이루어 갈 것이다.

❺ 유기농법에서의 연구와 발전

상황버섯은 튼튼한 종목을 만들고 깨끗한 마사토 위에 깨끗한 물만 주면서 잘 관리하여 재배한다면 해충의 피해를 거의 입지 않는 귀한 약재이다.

따라서 농약이나 비료를 비롯한 인체에 해를 주는 것들을 전혀 사용할 필요가 없으며, 천연 무공해 식품으로 안심하고 복용할 수 있다.

그러나 상황버섯 병충해 12가지 및 방제법에서 설명하였듯이 상황버섯에도 드물지만, 간혹 피해를 주는 해충들이 있다.

방충망을 설치하고 간혹 생기는 해충들은 손으로 직접 잡아주면 되나, 이 해충들을 잡아먹는 개구리나 천적들이 있다면 더없이 좋을 것이다.

예를 들어 과수에 해를 입히는 나방류 해충의 효과적인 방제법으로 최근에 나방을 유혹하는 교미교란제로 방제하는 방법이 화제가 되고 있다.

상황버섯을 재배하면서 한 가지 안타까운 점은 폐비닐과 폐차광막이 많이 나온다는 점이다. 3~5년 정도 지나 종목의 수명이 다하면 다시 교체해야 하기 때문이다. 폐비닐은 수거해 가지만 폐차광막은 수거해 가지 않는다. 자연 분해되는 친환경 소재를 개발하는 일은 절실하며 시급한 과제라 할 것이다.

예를 들어 최근에 농촌에서 땅을 덮어 일반적으로 사용하는 비닐대신 액체상태로 뿌리는 '액상멀칭'이란 친환경 농법이 개발되어 큰 화제가 되고 있다. 작업현장에서 농민이 분무기를 사용해서 간단히 살포하는 방식이다.
시간이 지나면 생분해되어 퇴비화되므로 환경을 해치지 않는 획기적인 개발이라 할 것이다.

6 재배방법의 연구와 체계화

그간 20년 가까이 상황버섯을 재배하면서 더 나은 재배방법을 찾아 체계화하기 위해 여러 방법 들을 시도하고 시험해 보았으며, 상황버섯 균의 특성을 더 잘 이해하기 위해 노력해왔다.
하지만 더 훌륭한 재배방법을 찾아내기 위해 농민들과 학자, 그리고 관련된 모든 사람들의 일치된 노력은 계속되어야 할 것이다.

7 품종의 개량과 다양화

현재 국내 대부분의 농가에서 재배하는 상황버섯은 바우미(장수상황)품종이다.

바우미 품종은 버섯 발생과 성장은 쉬우나 린테우스(고려상황) 품종에 비해 버섯이 무르고 병충해에 약하다는 점이다.

하지만 린테우스 품종은 단단하고 병충해에는 강하지만 버섯 발생과 성장이 더디다는 단점이 있다.

여러 면에서 장점을 지닌 다양한 품종의 개발이 절실한 과제이다.

8 자동시스템의 확대와 보급

1990년대 말 국내에서 처음 상황버섯 재배를 시작했을 때에 비하면 현재 많은 시설과 도구들이 자동화되었다.

예를 들면 온도, 습도, 환기를 자동으로 제어해주는 환풍 제어기 및 환기조절 장치도 나와 있으며, 시간이 되면 관수 되는 장치도 있다. 그리고 이 장비들 가운데는 한 제어기 내에서 버섯재배사의 상태를 파악하면서 작동하는 장치들도 있으므로 한결 재배에 도움이 된다.

비약적인 발전을 이루어 왔지만, 아직도 여러 면에서 더 많은 연구와 발전이 있어야 할 것이다.

9 시설의 현대화

차광막과 환기구의 자동 개폐시설, 재배사 내의 상태를 한눈에 알수 있는 인공지능 시스템의 개발, 좀 더 작업을 쉽게 할 수 있는 전동장치의 개발 등은 꾸준히 연구 노력해야 할 분야이다.

10 상황버섯의 대중화

90년대 말 상황버섯이 국내에서 인공재배에 성공한 이래 20여 년이 지나면서 많은 발전을 이루어왔다.

뛰어난 약용버섯으로서의 가치는 학자들의 많은 연구논문에서 밝혀진다.

그간 세계 여러 나라로 수출이 이루어지고 많은 호평을 받아 온것은 사실이다.

그러나 아직 초보 단계라고 말할 수 있다.

상황버섯이 국민들과 세계인들의 사랑을 받고 더 널리 보급되기위해서는 재배 농가와 학자들의 노력과 관련된 모든 사람들의 많은 지원이 절실히 필요한 때이다.

재배하기 쉬운 귀한 약용버섯을 갖고 있으면서도 제대로 알리고보급하지 못한다는 것은 가슴 아픈 현실이다.

11 일상 생활속의 상황버섯

상황버섯이 약용버섯으로서 국민들에게 더 가까이 다가가기 위해서는 주말농장, 체험학습, 회원제 분양… 등 다양한 행사를 통해 레저와 건강을 함께 도모하는 건전한 학습의 장이 마련되어야 할 것으로 보인다.

특히 학교나 학원 등에서 어릴 때부터 채소나 작물재배 교육을 시키듯 상황버섯재배 방법을 교육하고 상황버섯에 자연스럽게 접하여 누구나 키울 수 있는 때를 기대해 본다.
많은 가정이나 직장 등 다양한 곳에서 커피를 마시듯 상황버섯 차를 마시고, 공원이나 가정, 지하철, 수목원 등 다양한 곳에서 화원이나 화분에서 재배하는 상황버섯을 감상하는 때가 기다려진다.

상황버섯 재배기술

누구나 습득할 수 있다

초판 1쇄 발행 2020. 11. 20.

지은이 박종탁
펴낸이 김병호
편집진행 한가연 | **디자인** 양헌경
마케팅 민호 | **경영지원** 송세영

펴낸곳 주식회사 바른북스
등록 2019년 4월 3일 제2019-000040호
주소 서울시 성동구 연무장5길 9-16, 301호 (성수동2가, 블루스톤타워)
대표전화 070-7857-9719 **경영지원** 02-3409-9719 **팩스** 070-7610-9820
이메일 barunbooks21@naver.com **원고투고** barunbooks21@naver.com
홈페이지 www.barunbooks.com **공식 블로그** blog.naver.com/barunbooks7
공식 포스트 post.naver.com/barunbooks7 **페이스북** facebook.com/barunbooks7

바른북스는 여러분의 다양한 아이디어와 원고 투고를 설레는 마음으로 기다리고 있습니다.